所有失去的，终将以另一种方式归来

张 敏 编著

吉林文史出版社

图书在版编目（CIP）数据

所有失去的，终将以另一种方式归来 / 张敏编著
. -- 长春：吉林文史出版社，2019.7（2024.8重印）

ISBN 978-7-5472-6009-8

Ⅰ.①所… Ⅱ.①张… Ⅲ.①成功心理—通俗读物
Ⅳ.①B848.4-49

中国版本图书馆CIP数据核字(2019)第043309号

所有失去的，终将以另一种方式归来
SUOYOUSHIQUDE, ZHONGJIANGYILINGYIZHONGFANGSHIGUILAI

编　　著	张　敏
责任编辑	张雅婷
封面设计	末末美书
出版发行	吉林文史出版社有限责任公司
地　　址	长春市福祉大路5788号
电　　话	0431-81629353
网　　址	www.jlws.com.cn
印　　刷	北京永顺兴望印刷厂
开　　本	880mm×1230mm　1/32
印　　张	4
字　　数	80千
版　　次	2019年7月第1版　2024年8月第2次印刷
定　　价	19.80元
书　　号	ISBN 978-7-5472-6009-8

前　言

\PREFACE\

　　生存和生活，看似一字之差，却天壤之别。跨过去了，就是柳暗花明，过诗意的日子；跨不过去，就是精疲力尽，苟且地活着。生活中总有一些人，不会迷茫、悲观地慨叹生活的不如意，追悔自己失去的东西，而是通过自己的拼搏与努力，战胜生活给予的磨难，取得常人无法企及的成就。凭着努力这座桥梁，他们终究得了自己想要的东西，跨过了生存，迈向了生活。

　　诚然，走在奋斗的路上，生活总有些不公平，我们总会失去一些东西，想要伸手抓住什么，却好像什么也抓不住。山有巅峰，也有低谷；水有深渊，也有浅滩。人生之路也一样，一些意想不到的痛苦、挫折、失败总会猝不及防地袭来，让我们时而身处波峰，时而沉入谷底。在生命中，失败、悲伤、痛苦、失望，有时会将我们引入绝境，但不必退缩，我们可以爬起来，重新开始。其实，我们大可不必为失去的慨叹，它并没有真正消失，在不远的将来，它会以另一种更好的方式，与我们重逢。

这世上从来没有白费的努力，也没有碰巧的成功。你要相信，自己付出之后必有回报。因此，多努力一次，就多一次逼近成功的机会。所以说，生活不会辜负每一个努力的人，只不过有些回报正是你想要的，有些回报也许不符合你的初衷，却也会让你有一种"无心插柳柳成荫"的惊喜。

人生很长，不是每段路，都有人在身边默默地陪伴；不是每个难题，都有人及时地伸出援手……生活中总有不尽如人意之处，但所有的困境都是来自内在的心境，只要勇敢，就一定能迎来回归的喜悦。不要舍不得放手，放开才可能得到；即使身陷泥沼，也要满怀希望。我们不能挽留失去，但可以迎接归来；我们不能改变出身，但可以改变未来。要相信：所有失去的，终将以更好的方式归来！请记住，只要勇敢前行，就一定能达到自己想去的地方。

未来的一切，取决于今天的每一步。你今天踏出去的每一步，都是未来的奠基。所以，只有珍惜今天，当下努力，才能把握明天，拥有未来。本书是指导人们跨越人生障碍、步步为"赢"的人生指南。它从实际出发，旨在为那些有远大理想、不甘平庸的人们树立一盏引路明灯，教他们坚定目标，摆正心态，正视困苦，踏实行动，全力拼搏，不言败、不言弃，从而不负光阴，无愧于心，成就生命的精彩！

本书献给心怀梦想并努力拼搏的人，愿你终成人生赢家。

目 录
\CONTENTS\

第一章

如果事与愿违，请相信一定另有安排

岁月不会辜负你，它只是来得晚一些

生活陷入困顿，人生陷入低谷，这个时候你在想些什么？就打算这样过一辈子吗？当然不能。面对生活的不幸，我们只有依靠坚韧的态度来承担风雨，才有机会重见阳光。

世界上最容易、最有可能取得成功的人，就是那些坚忍不拔的人。无论你现在的境况如何，都要坚定不移、百折不挠。

任何成功的人在达到成功之前，没有不遭遇失败的。爱迪生在经历了一万多次失败后才发明了灯泡，沙克也是在试用了无数介质之后，才培养出小儿麻痹疫苗。

"你应把挫折当作是使你发现你思想的特质，以及你的思想和你明确目标之间关系的测试机会。"如果你真能理解这句话，它就能调整你对逆境的反应，并且能使你继续为目标努力，挫折绝对不等于失败，除非你自己这么认为。

我们的力量来自我们的软弱，直到我们被戳、被刺，甚至被伤害到疼痛的程度时，才会唤醒包藏着神秘力量的愤怒。伟大的人物总是愿意被当成小人物看待，当他坐在占有优势的椅子中时会昏昏睡去，当他被摇醒、被折磨、被击败时，便有机会可以学习一些东西了。此时他必须运用自己的智慧，发挥他的刚毅精神，他会了解事实真相，从他的无知中学习经验，治疗好他的自负。最后，他会调整自己并且学到真正的技巧。

因此，无论经历怎样的失败和挫折，你都要从精神上去战胜它，别把它当一回事，甩甩手从头再来，成功终究会来临。你要相信，没有到不了的明天。岁月不会辜负你，它只是来得晚一些。

我们不在别处，不在那时，只在当下

人生最值得珍视的是什么？是不可追回的过去吗？是遥不可及的未来吗？其实都不是。人生最值得珍视的就是"当下"的实在，是我们现在正在做的事、所处的地方以及围绕在我们周围的人。

认识自己的当下心就是要求我们抓住那活泼的自在，守住了它就守住了真如。

珍惜眼前人与事，珍惜当下，还因为人的生命是有限的，时间即是生命。人生百年，几多春秋。向前看，仿佛时间悠悠无边；猛回首，方知生命挥手瞬间。

时间是最平凡的，也是最珍贵的，金钱买不到它，地位留不住它，每个人的生命都是有限的。它一分一秒，稍纵即逝，与其每天长吁短叹，不如将其牢牢地把握，才能在有限的时间桎梏下获得最大的自由、最洒脱的幸福。

人的一生时间何其有限，所以我们活着就要活得充实。自古以来，人生八苦中"死"是最让人惧怕的，所以秦始皇会派徐福出海寻长生不老之药，一代枭雄曹操会慨叹"人生几何"。人生正如清晨的露珠，"去日苦多"，晶莹璀璨都只在瞬间绽放，微风拂过，生命就会陨落，阳光轻吻，生命便会干涸。生死常常就在一线之间，这一线，捆绑住了无数人的心，让他们无法摆脱对死亡的恐惧，对生存的留恋。

珍惜眼前人与事，学会惜福，我们此生不会荒度。人终归都要走向死亡，人死如灯灭，该熄灭的自然会熄灭。这是谁也改变不了的生命规律。世人一晌贪欢，又有几个人能够领悟寂灭的境界？正像一位禅师所说："生死，在一般世人眼里，生之可喜，死之可悲，但在悟道者的眼中，生固非可喜，死亦非可悲。生死是一体两面，生死循环，本是自然之理。不少禅者都说生死两者与他们都不相干。"生者寄也，死者归也。生死有命，我们能把握的只有当下，所以不如珍惜眼前的人与事。

路就在脚下，现在不做，更待何时？过去的只是杂念，就让它在时间的沙河中淘尽；未来的只是妄想，请用淡然的心去等待；我们能够抓住的，只有此时此刻的心境；保护这份恬适，就是谨守自己当下的本分。

人生无常，很多事情都不是我们能预料的，我们所能做的只是把握当下，珍惜拥有。许多人都迷信来生与前世，因为那让我们用前世作为今生不幸的借口，说那是前世欠下的。又因对今生的不满，而憧憬来生，说可以等待来生去实现。舍不得过去，等不到永远，唯有认真活在当下。

人这一辈子总有一个时期需要卧薪尝胆

人生不如意事十之八九，即使是一个十分幸运的人，在他的一生中也总有一个或几个时期处于十分艰难的情况，总是一帆风顺的时候几乎没有。看一个人是否成功，我们不能看他成功的时候或开心的时候怎么过，而要看其在不顺利的时候，在没有鲜花和掌声的落寞日子里怎么过。有句话是这么说的："在前进的道路上，如果我们因为一时的困难就将梦想搁浅，那只能收获失败的种子，我们将永远不能品尝到成功这杯美酒芬芳的味道。"

人生难免有低谷的时候，在这样的时刻，我们需要的就是忍受寂寞，卧薪尝胆。就像当年越王勾践那样，三年的时间里，作为失败者他饱受屈辱，被放回越国之后，他选择了在寂寞中品尝苦胆，铭记耻辱，奋发图强，最终得以雪耻。不要羡慕别人的辉煌，也不要眼红别人的成功，只要你能忍受寂寞，满怀信心地去开创，默默付出，相信生活一定会给你丰厚的回报。

在最深的绝望里，遇见最美丽的风景

所谓绝境，不过是成功前的一个热身、蹲下身、屈起臂膀、起跳……这一个个动作，都是为最后那完美的冲刺所做的精心准备。因此，不管你现在顺利与否、灰心与否，让我们共同记住：天无绝人之路，更无绝人之境。面对人生接踵而至的绝境，要坚定地告诉自己：我一定能在最深的绝望里，遇见最美丽的惊喜。

当你被命运无情捉弄，当你的生活一无所有，当你失去亲人和朋友，当你的肢体变得残缺，请不要绝望，因为你还有人最宝贵的东西——生命。所以就算遭受了多么大的打击，也不要放弃活下去的念头，父母赐予我们生命，我们就该好好珍惜。看看那些为了生存苦苦挣扎的人，他们都在为生存而努力勇敢地走下去。跌倒了爬起来继续往前走，放弃堕落和脆弱，只要活着，就有希望。

也许你以为自己深陷绝路，你认为所有的努力都是徒劳的，其实，再坚持一会儿，再试一下，就有可能看到胜利的曙光。很多时候，打败你的不是对手，也不是外部的环境，而是你自己的脆弱。并不是生活把你逼上了绝路，而是你自己把自己拉向了深渊。不管身处什么样的境地，都不要用绝望代替希望，只要有希望，总会出现柳暗花明又一村的转机。

相信自己没有什么做不到，如果抱着巨大的热情和坚强的意志去改变现实，你就能掌控自己的命运。

只有多吃一点儿苦，才能磨炼出我们克服困难的勇气。只要我们有突破困境的信心，就不会惧怕黎明前的黑暗。只要我们能再坚持一下，再努力一回，迈出自己自信的步伐，完成这最后也是最关键的一步，我们就一定能进入成功的殿堂。

你人生最坏的结局，也不过就是大器晚成

对于我们每一个人来说，没有一样东西是可以完完全全、真真正正抓住而且不会失去的，无论是物，还是人。因此不必斤斤计较，刻意追逐。

不必过于执着他人的眼光和看法，我们无论怎么做都无法让所有的人都满意，这时索性让自己满意就行了。人生路有多条。何必将自己逼进死胡同呢？

放下对外物的执着，才能让自己进退自如。常言道，天无绝人之路。上帝在关闭一扇门时，就会打开另一扇窗。在人生走到歧路或困境时，千万不要绝望灰心。因为正有另一条大路向我们展开坦途。人生有无数条路，条条大路通罗马。一条路走不通，那就换一条路来走。你人生最坏的结局，也不过就是大器晚成。

无论今天多么浑浊不堪，明天依旧会如约而至

幸运、成功永远只能属于努力的人，有恒心不易变动的人，

能坚持到底、绝不轻言放弃的人。

耐性与恒心是实现目标过程中不可缺少的条件，是发挥潜能的必要因素。耐性、恒心与追求结合之后，形成了百折不挠的巨大力量。

凡事没有耐性，耐不住寂寞，不能持之以恒，正是很多人最后失败的原因。

拥有耐力和恒心，虽然不一定能使我们事事成功，却绝不会令我们事事失败。古巴比伦富翁拥有恒久的财富秘诀之一，便是保持足够的耐心，坚定发财的意志，所以他才有能力建设自己的家园。任何成就都来源于持久不懈的努力，要把人生看作一场持久的马拉松。整个过程虽然很漫长、很劳累，但在挥洒汗水的时候，我们已经在慢慢接近成功的终点。半路放弃，我们就必须要找到新的起点，那样我们只会更加迷失，可是如果能坚持原路行进，终点不会弃我们而去。也许，我们每个人的心里都有一个执着的愿望，只是一不小心把它丢失在了被蹉跎的时间里，让天下最容易的事变成了最难的事。然而，天下事最难的不过十分之一，能做成的有十分之九。要想成就大事大业的人，尤其要有恒心来成就它，要以坚忍不拔的毅力、百折不挠的精神、排除纷扰的耐性，去实现人生的目标。

谁的人生没有输赢，有路就好

聪明的人把"退"看成"进"的一种，他们懂得迂回取胜，步步紧逼并非是最佳的成功方法。以退为进是一种智谋，把进退看透的人，明白短暂的退让是前进的序曲，适当地退是为了更好地进。

从处理事务的步骤来看，退却是进攻的第一步。现实中我们常会见到这样的事，双方争斗，各不相让，最后小事变为大事，大事转为祸事，而且往往导致问题不能解决，落得两败俱伤的结果。其实，如果采取较为温和的处理方法，先退一步，使自己处于比较有利的地位，待时机成熟，便可以退为进，成功达到自己的目的了。

在当今竞争激烈的社会中，每个人都想打败对手，最大限度地赢得胜利，那么，采用何种策略才能击败对手呢？以退为进无疑是一条妙计。

一切都将安好，即使一切不如预期

人生并非尽如人意，我们常常感受到生活中太多难以排解的无奈和缺憾。也许是梦想得不到实现，也许是得到的离你所期待的相去甚远，但是我们总是能够在这样的无奈中坚持着，我们承认自己的平凡，却不曾放弃追求哪怕只是瞬间的完美。

有的遭遇受制于外在因素，非自己所能支配。真正能支配的唯有对一切外在遭际的态度。内在生活充实的人仿佛有另一个更高的自我，能与身外遭遇保持距离，对变故和挫折持适当态度，心境不受尘世祸福沉浮的扰乱。

一样东西，如果你太想要，就会把它看得很大，甚至大到成了整个世界，占据了你的全部心思。一个人一心争利益，或者一心创事业的时候，都会出现这种情况。我的劝告是，最后无论你是否如愿以偿，都要及时从中跳出来，如实地看清它在整个世界中的真实位置，亦即它在无限时空中的微不足道。这样，你得到了不会忘乎所以，没有得到也不会痛不欲生。

生命中的许多东西都是可遇不可求的，因为生命就是偶然和必然相互交织的机缘，也是内心自由的体现。生命放达，内心自由，首先就要拥有一颗纯净飘逸的心，如白云般随风漂泊，安闲自在，并能在生活中做到事来时不惑，事去时不留，保有最真切的一份寂静。

很多修行者所怀抱的心境恰如一片和风煦日，没有狂风暴雨；所体验的世界正是一片光天化日，没有黑暗罪恶。当然，并不是说修行者生活的世界没有狂风暴雨和黑暗罪恶，而是说修行者的心不受外在环境的影响，永远安详、慈悲、寂静。所以，不论面对什么样的世界，修行者的心境始终能自在安闲。

也许是现代生活过于复杂多样，人们的烦恼较前人多了。因此，许多人都在探讨烦恼的来源，从某个角度看，来源其实只有一个，不愿顺其自然。佛家则认为人之所以产生烦恼是由于我们对某物的执着和放不下，我们总是希望事情按照我们的意愿去发展，现实却正好相反，但我们依然执着于当初的意愿，这便产生了所谓的"烦恼"。

"命里有时终须有；命里无时莫强求。"生活中有许多东西是可遇而不可求的，有时能有某种体验就足够了，又何必强求，何必造作呢？不完美的人生才是最真实的人生。正如徐志摩所说："得之我幸，不得我命，如此而已。"这才是我们应该追求的生活态度。

很多时候，痛苦和悲哀都是来源于自己的心。一个人若太过执着，自然会迷失在欲望的丛林中，分辨不出正确的方向；若身在闲处，远离尘扰，心如水般清澈，如月光般轻盈，如莲花般纯净，才能拥有快乐的心境，拥有单纯的幸福。

人生只有短短几十载，浪费如此宝贵的时间去愁一些根本无关痛痒、难以发生的小事，实在是很不值得的。所以，把精力用在值得的地方吧，生命太短暂了，不该让忧虑来消耗它。

人生中的许多事情，即使在过程中并不会如你所预期般发展，最后也会按部就班地走向终点。"一切都将安好，"在自己为未来的未知感到紧张和焦虑的时候，轻轻地告诉自己。

善于等待的人，一切都会及时到来

在现实生活中，常有人犯浮躁的毛病。他们做事情往往既无准备，又无计划，只凭脑子一热、兴头一来就动手去干。他们不是循序渐进地稳步向前，而是恨不得一锹挖成一眼井，一口吃成胖子。结果必然是事与愿违，欲速则不达。

社会中许多新鲜的外来事物都纷纷涌了进来。花花世界的花花事物，难免会对人产生极大的诱惑，而这极大的诱惑，会使人变得浮躁。许多人会想，我为什么不能拥有这些东西呢？别人可以拥有，我为什么不可以呢？

在这样的心态之下，他就浮躁起来，很想自己一下子能取得那么多物质上的东西，享受到自己以前享受不到的东西。

可是，事情就是这样，你越着急，就越不会成功。因为着急会使你失去清醒的头脑，结果，在你的奋斗过程中，浮躁占据着你的思维，使你不能正确地制定方针、策略以稳步前进，自然适得其反。

一个不浮躁的、稳健的人，通常也是一个不断地要求自己、完善自己、使自己不断适应时代与社会变革的人。也只有这样的人，才是最终会取得成功的人。

在这里，浮躁与稳健对于一个人成败的影响，一目了然。

只有不浮躁，才会吃得下成功路上的苦。

只有不浮躁，才会有耐心与毅力一步一个脚印地向前迈进。

只有不浮躁，才会确立一个接一个的小目标，然后一个接一个地实现它，最后走向大目标。

只有不浮躁，才不会因为各种各样的诱惑而迷失方向。

有信念的人，命运永远不会辜负他

我们常把信念看成是一个信条，以为它只能在口中说说而已。但是从最基本的观点来看，信念是一种指导原则和信仰，让我们明了人生的意义和方向，信念是人人可以支取且取之不尽的。信念像一张早已安置好的滤网，过滤我们所看到的世界；信念也像脑子的指挥中枢，指挥我们的脑子，指挥我们的行动。

斯图尔特·米尔曾说过："一个有信念的人，所发出来的力量，不下于九十九位仅心存兴趣的人。"这也就是为何信念能开启卓越之门的缘故。

若能好好控制信念，它就能发挥极大的力量，开创美好的未来。

可以说，信念是一切奇迹的萌发点。

一个有着坚强信念的人，即使衰老和病魔也不能打败他。用信念支撑你的行动，就能健步向前，拥有一个充实的人生。

第二章

所有糟糕的境遇，都只是美好的转折

这个世界，没你想的那么糟

　　在那些经历过黑暗，并走出黑暗的人心里有着不可磨灭的痕迹，然而，那些悲伤、那些苦痛、那些坎坷都是一笔可贵的财富，若能正确且欣然地接受它们，它们就能在你身上发挥出巨大的作用。没有经历过黑暗的人，不会看到光明的可贵；没有经历过苦楚的人，内心不能升华出伟大的情操。只有那些真正经历过哀伤的人，才能在重压之下变得更加坚强、更加勇敢。

　　我们沉下心来，静静地品味那些生命中的黑暗时刻，你会发现，正是这些黑暗，让你明白世界的美好，也让你更懂得珍惜这种美好。

　　如果你怕黑，那么就请准备一束光吧，时刻放在心里面，藏在眼里面，当黑暗真的来临时，就用这束光把黑暗照亮。树木的新芽，会在被切除树干的地方生长出来。心中的热爱与希望，会在挫败与困顿的地方加倍滋长。

在这个纷杂的世界，我们每个人都会经历失败，但这并不是一件坏事。因为不经过挫折或严重创伤，我们的人生是不丰富的，思想是不会逐渐变得成熟的。创伤带来的最大转机，是强迫我们找到一个目标。有时，正是这些挫伤本身指引人们去追寻目标。一位哲人说："一旦有了特定的目标，你已经成功了一半。"

试问一下，如果人生有如航行，我们当中有多少人知道目的地？有多少人知道他们的方向或航点在哪里？大部分从学校毕业的人，甚至连自己要做什么工作都搞不清楚。这才是生命真正的悲剧。有太多人只是在讨生活，而非过生活。有时候，需要发生一场危机，甚至是重创，才会让我们停止随波逐流，开始有目的地过日子。

人生中，快乐带给我们愉悦，痛苦则能带给我们回味；光明让我们如常地行走，黑暗却让我们停下脚步，品味世间至美。

人生漫漫，不妨停下来看看风景

想想看，你这一生是怎么度过的：年轻的时候，你拼了命地学习，想挤进一流的大学；随后，你巴不得赶快毕业，然后找到一份好工作；接着，你迫不及待地结婚、生小孩；然后，你又整天盼望小孩快点儿长大，好减轻你的负担；后来，孩子长大了，你又恨不得赶快退休，催着孩子结婚生子，好让你含饴弄孙，颐养天年；最后，你真的退休了，不过，你也老得几乎连路都走不动了……当你正想停下来好好喘口气的时候，生命也快要结束了。

当生命走向尽头的时候，你问自己一个问题：你对这一生觉得了无遗憾吗？你认为想做的事你都做了吗？你有没有开怀地笑过、真正快乐过？

其实，这不就是大多数人的写照吗？他们劳碌了一生，时时刻刻为生命担忧，为未来做准备，一心一意计划着以后发生的事，却忘了把眼光放在"现在"，等到时间一分一秒地溜过，才恍然大悟"时不我予"。

看看我们的生活状况，总是"期待"，总是"迫不及待"，让自己陷入一种不安和困惑之中，不得宁静和快乐。而世事无常，所有的一切真的能完全如我们所期待吗？

宇宙万物也有各自的生存法则，就像水随地势起伏而流淌，不会刻意地选择流经的路线；云因为风的起落而飘动，不会刻意地抗拒或聚或散；花朵随四季的变迁而轮回，不会刻意地回避凋零与枯萎。它们都是自由的，都有着苍天大地赋予其关于顺其自然的奥义。

生命中的许多东西都是可遇不可求的，那些刻意强求的东西或许我们一辈子都得不到，而很多不曾被期待的东西往往会不期而至，因为生命是偶然和必然的机缘，也是内心得自由的体现。

生命放达，内心自由，首先就要拥有一颗纯净飘逸的心，随风如白云般漂泊，安闲自在，任意舒卷，随时随地，随心而安。随不是跟随，而是顺其自然，不怨怒，不躁进，不过度，不强求，不悲观，不刻板，不慌乱，不忘形。

而事实上，大多数的人都无法专注于"现在"，他们总是若有所想，心不在焉，想着明天、明年甚至下半辈子的事。假若你时时刻刻都将力气耗费在未知的未来，却对眼前的一切视若无睹，你永远也不会得到快乐。

一位作家这样说过："当你存心去找快乐的时候，往往找不到，唯有让自己活在'现在'，全神贯注于周围的事物，快乐才会不请自来。"或许人生的意义，不过是嗅嗅身旁每一朵绚丽的花，享受一路走来的点点滴滴而已。毕竟，昨日已成历史，明日尚不可知，只有"现在"才是上天赐予我们最好的礼物。

许多人喜欢预支明天的烦恼，想要早一步解决掉明天的烦恼。其实，明天如果有烦恼，你今天是无法解决的，每一天都有每一天的人生功课要交，还是努力将今天的功课做好再说吧，别再给当下制造过多的痛苦和无谓的忧伤了。

生命是一种缘，是一种必然与偶然互为表里的机缘。有时候命运偏偏喜欢与人作对，你越是挖空心思想去追逐一种东西，它越是想方设法不让你如愿以偿。这时候，痴愚的人往往不能自拔，思绪万千，越想越乱，以致陷在了自己挖的陷阱里；而明智的人明白知足常乐的道理，他们会顺其自然，不去强求不属于自己的东西。

事实上，生活中有太多东西是不能强求的，那些刻意强求的东西或许我们终生都无法得到，而那些不曾期待的灿烂往往会在我们的淡泊从容中不期而至。因此，面对生活中的顺境与逆境，我们应当保持"随时""随性""随喜"的心态，顺其自然就以一种从容淡定的平常心来面对人生种种悲欢离合，这也是对我们生命的最大尊重。

你所谓的低潮，恰是你突围的助力

在我们的生命中，有时候我们必须做出艰难的决定，然后才能获得重生。我们必须把旧的习惯、旧的传统抛弃，使我们可以重新飞翔。只要我们愿意放下旧的包袱，愿意学习新的技能，我们就能发挥我们的潜能，创造新的未来。

漫漫人生，人在旅途，难免会遇到荆棘和坎坷，但风雨过后，一定会有美丽的彩虹。任何时候都要抱乐观的心态，任何时候都不要丧失信心和希望。失败不是生活的全部，挫折只是人生的插曲。虽然机遇总是飘忽不定，但朋友，只要你坚持，只要你乐观，你就能永远拥有希望，走向幸福。罗曼·罗兰曾说："只有把抱怨别人和环境的心情，化为上进的力量，才是成功的保证。"命运的挫折磨难，可以使人脆弱萎靡，也可以使人坚强冷静。学会忍耐，你就能够把握自己的命运。

无论你位高权重，还是富甲一方，你都不会是一帆风顺的，那么，当你面对磨难的时候，你是忍耐、以不断改进自己来适应，还是怒不可遏、跟自己过不去？很显然，选择前者是明智之举。

痛苦，却往往是你成功的推进器。的确，你只有感谢曾经折磨过自己的人或事，才能体会出生命的意义；你只有懂得宽容自己不可能宽容的人，才能看见自己目标的远阔，才能重新认识自己……

有所忍才能有所成，内圣才能外王，守柔才能刚强。要知横逆之来，不可便动气，先思取之之故，即得处之之法。

狂风暴雨往往摧残禾苗的生长，却也是它们结果的必然条件。当磨难出现时，说明你的成功机遇已经来临。当然，这得需要你学会忍耐，接受那些肆意的折磨与侮辱，梅花香自苦寒来，只有耐得一时之苦，才会享受一世之甜。

绝望时，希望也在等你

苦难能毁掉弱者，同样也能造就强者。因此，在任何时候都不要放弃希望。

罗勃特·史蒂文森说过："不论担子有多重，每个人都能支撑到夜晚的来临；不论工作多么辛苦，每个人都能做完一天的工作，每个人都能很甜美、很有耐心、很可爱、很纯洁地活到太阳下山，这就是生命的真谛。"确实如此，有的人唯有流着眼泪吞咽面包的人才能理解人生的真谛。因为苦难是孕育智慧的摇篮，它不仅能磨炼人的意志，而且能净化人的灵魂。如果没有那些坎坷和挫折，人绝不会有这么丰富的内心世界。

有些人一遇挫折就灰心丧气、意志消沉，甚至用死来躲避厄运的打击，这是弱者的表现。可以说生比死更需要勇气，死只需要一时的勇气，生则需要一世的勇气。每个人的一生中都可能有消沉的时候，居里夫人曾两次想过自杀；奥斯特洛夫斯基也曾用手枪对准过自己的脑袋，但他们最终都以顽强的意志面对生活，并获得了巨大的成功。可见，一时的消沉并不可怕，可怕的是在消沉中不能自拔。

做一个生命的强者，就要在任何时候都不放弃希望，我们最终会等到光明来临的那一天。

幸好在那些艰难的日子里，你没有妥协

心界决定一个人的世界。只有渴望成功，你才能有成功的机会。

《庄子》开篇的文章是"小大之辩"。说北方有一个大海，海中有一条叫作鲲的大鱼，宽几千里，没有人知道它有多长。鲲化为鸟叫作鹏。它的背像泰山，翅膀像天边的云，飞起来，乘风

直上九万里的高空，超绝云气，背负青天，飞往南海。

蝉和斑鸠讥笑说："我们愿意飞的时候就飞，碰到松树、檀树就停在上边；有时力气不够，飞不到树上，就落在地上，何必要高飞九万里，又何必飞到那遥远的南海呢？"

那些心中有着远大理想的人常常不能为常人所理解，就像目光短浅的麻雀无法理解大鹏鸟的志向，更无法想象大鹏鸟靠什么飞往遥远的南海。因而，像大鹏鸟这样的人必定要比常人忍受更多的艰难曲折，忍受心灵上的寂寞与孤独。因而，他们必须要坚强，把这种坚强潜移到远大志向中去，这就铸成了坚强的信念。这些信念熔铸而成的理想将带给大鹏一颗伟大的心灵，而成功者正脱胎于这些伟大的心灵。

思想能够控制行动。你怎样思考，你就会怎样去行动。你要是强烈渴望致富，你就会调动自己的一切能量去创富，使自己的一切行动、情感、个性、才能与创富的欲望相吻合。

对于一些与创富的欲望相冲突的东西，你会竭尽全力去克服；对于有助于创富的东西，你会竭尽全力地去扶植。这样，经过长期努力，你便会成为一个富有者，使创富的愿望变成现实。相反，你要是创富的愿望不强烈，一遇到挫折，便会偃旗息鼓，将创富的愿望压抑下去。

保持一颗渴望成功的心，你就能获得成功。

先把失败看重，再把它看轻

曾经有人做过分析后指出，成功者成功的原因，其中很重要的一条就是"随时纠正自己的错误"。一个渴望成功、渴望改变现状的人，绝对不会因一个错误而停止前进的脚步，他必定会找出成功的契机，继续前进。

"优胜劣汰"成为一种必然。但现在人们开始认同另一种说法：成功，就是无数个"错误"的堆积。

错误是这个世界的一部分，与错误共生是人类不得不接受的命运。

错误并不总是坏事，从错误中汲取经验教训，再一步步走向成功的例子也比比皆是。因此，当出现错误时，我们应该像有创造力的思考者一样了解错误的潜在价值，然后把这个错误当作垫脚石，从而产生新的创意。事实上，人类的发明史、发现史到处充满了错误假设和错误观点。哥伦布以为他发现了一条到印度的捷径；开普勒偶然间得到行星间引力的概念，他这个正确的假设正是从错误中得到的；爱迪生知道几千种不能用来制作灯丝的材料。

错误还有一个好处，它能告诉我们什么时候该转变方向。只有适时转变方向，才不会撞上失败这块绊脚石。

趁早把日子过得热气腾腾

生命的真正意义在于能做自己想做的事情。如果我们总是被迫去做自己不喜欢的事情，永远不能做自己想做的事情，我们就不可能拥有真正幸福的生活。可以肯定，每个人都可以并且有能力做自己想做的事，想做某种事情的愿望本身就说明你具备相应的才能或潜质。

为了生存，或许你不得不做自己不愿意做的事情，而且似乎已经习惯了在忍耐中生活。拿出你的魄力，做你想做的事情，放飞你心灵的自由鸟吧。

"知人者智，自知者明。"无论有多么困难，我们都应该找到自己内心深处真正需要的东西。甘愿迷失方向的人，他永远也走不出人生的十字路口。只有那些不愿随波逐流、不甘陈规束缚自己的人，才有勇气和魄力解除捆绑自己身心的绳索，找到自己想做的事情，并从中享受幸福的感觉。

冲破世俗的罗网，冲破内心的矛盾，真实地做一次自由的选择吧。生活本没有那么多的拘束，只是你自己不愿意改变现状，甘于这种无奈而已。

做自己想做的事情，这也是人生一大快事！

当然，做自己想做的事情在一定程度上要取决于你是否具备该行业所要求的特长。

没有出色的音乐天赋，很难成为一名优秀的音乐教师；没有很强的动手能力，就很难在机械领域游刃有余；没有机智老练的经商头脑，也很难成为一名成功的商人。

但是，即使你具备某种特长，并不能保证你就一定能够成功。有些人具有非凡的音乐天赋，但是，他们一生却从未登上大雅之堂；有些人虽然手艺高超，却未能过上富裕的生活；有些人虽具有出色的人际交往和经商能力，但他们最终却是失败者。

在追求成功和财富的过程中，人所拥有的各种才能如同工具。好的工具固然必不可少，但是能否正确地使用工具同样非常重要。有人可以只用一把锋利的锯子、一把直角尺、一个很好的刨子做出一件漂亮的家具，也有人使用同样的工具却只能仿制出一件拙劣的产品，原因在于后者不懂得善用这些精良的工具。你虽然具备才能并把它们作为工具，但你必须在工作中善用它们，充分发挥其作用，方能天马行空，来去自由。

做自己想做的事情，做最符合自己个性、令自己心情愉悦的事情，这是所有人的共同欲求。

谁都无权强迫你做自己不喜欢的事情，你也不应该去做这样的事情，除非它能帮助你最终获得自己所求的结果。

如果因为过去的失误，导致你进入了自己并不喜爱的行业，处在不如意的工作环境中，在这种情况下，你确实不得不做自己并不想做的事情。

但是，目前的工作完全有可能帮助你最终获得自己喜爱的工作，认识到这一点，看到其中蕴藏的机遇，你就可以把从事眼下的工作变成一件同样令人愉悦的事情。

如果你觉得目前的工作不适合自己，请不要仓促换工作。通常说来，换行业或工作的最好方法，是在自身发展的过程中顺势而为，在现有的工作中寻找改变的机会。

当然，如果一旦机会来临，在审慎的思考和判断后，就不要害怕进行突然的、彻底的改变。但是，如果你还在犹豫，还不能得出明确的判断，那么，等条件成熟了，自己觉得有把握了再行动。

别让一次失败，成为一辈子的阴影

如果看看世界上那些成功人士的经历，就会发现，那些声震寰宇的伟人，都是在经历过无数的失败后，又重新开始拼搏才获得最后的胜利。

奋斗者不相信失败。他们将错误当作是学习和发展新技能及策略的机会，而不是失败。有人认为失败一无是处，只会给人生带来阴暗。其实恰恰相反，人们从每次错误中可以学习到很多东西，并调整自己的路线，重新回到正确的道路上来。错误和失败是不可避免的，甚至是必要的；它们是行动的证明——你正在努力。你犯的错误越多，你成功的机会就越大，失败表示你愿意尝试和冒险。奋斗者应该明白：每一次的失败都使你在实现自己梦想的道路上前进了一步。

不要害怕失败，在失败面前，只有永不言弃者才能傲然面对一切，才能最终取得成功，其实，失败真的不过是从头再来！

人生有多残酷，你就该有多坚强

成就平平的人往往是善于发现困难的"天才"，他们善于在每一项任务中都看到困难。他们莫名其妙地担心前进路上的困难，这使他们勇气尽失。他们对于困难似乎有惊人的"预见"能力。一旦开始行动，他们就开始寻找困难，时时刻刻等待着困难的出现。当然，最终他们发现了困难，并且被困难击败。这些人似乎戴着一副有色眼镜，除了困难，他们什么也看不见。他们前进的路上总是充满了"如果""但是""或者"和"不能"。这些东西足以使他们止步不前。

一个向困难屈服的人必定会一事无成，很多人不明白这一点。一个人的成就与他战胜困难的能力成正比。他战胜越多别人所不能战胜的困难，他取得的成就也就越大。如果你足够强大，那么困难和障碍会显得微不足道；如果你很弱小，那么障碍和困难就显得难以克服。有的人虽然知道自己要追求什么，却畏惧成功道路上的困难。他们常常把一个小小的困难想象得比登天还难，一味地悲观叹息，直到失去了克服困难的机会。那些因为一点点困难就止步不前的人，与没有任何志向、抱负的庸人无异，他们终将一事无成。

成就大业的人，面对困难时从不犹豫徘徊，从不怀疑自己克服困难的能力，他们总是能紧紧抓住自己的目标。对他们来说，自己的目标是伟大而令人兴奋的，他们会向着自己的目标坚持不懈地攀登，而暂时的困难对他们来说则微不足道。伟人只关心一个问题："这件事情可以完成吗？"而不管他将遇到多少困难。只要事情是可能的，所有的困难就都可以克服。

我们不能成为一个自己给自己制造障碍的人。如果一切事情都依靠这种人，结果就会一事无成。如果听从这些人的建议，那么一切造福这个世界的伟大创造和成就都不会存在。

一个会取得成功的人也会看到困难，却从不惧怕困难，因为他相信自己能战胜这些困难，他相信一往无前的勇气能扫除这些障碍。有了决心和信心，这些困难又能算得了什么呢？对拿破仑来说，阿尔卑斯山算不了什么。并非阿尔卑斯山不可怕，冬天的阿尔卑斯山几乎是不可翻越的，但拿破仑觉得自己比阿尔卑斯山更强大。

乐观地面对困难，多一些快乐，少一些烦恼，你会惊奇地发现，这不仅会使你的工作充满乐趣，还会让你获得幸福。你会发现，自己成了一个更优秀、更完美的人。你用充满阳光的心灵轻松地去面对困难，就能保持自己心灵的和谐。而有的人却因为这些困难而痛苦，失去了心灵的和谐。

你怎样看待周围的事物完全取决于你自己的态度。每一个人的心中都有乐观向上的力量，它使你在黑暗中看到光明，在痛苦中看到快乐。每一个人都有一个水晶镜片，可以把昏暗的光线变成七色彩虹。

第三章

把人生还给自己，听从内心真实的声音

不必仰望别人，自己就是风景

哲人们常把人生比作路，是路，就注定崎岖不平。

耶鲁大学的前校长德怀特曾说："如果此人当选美国总统，我们的国家将会是非不分，不再敬天爱人。"听起来这似乎是在骂希特勒吧？可是他谩骂的对象竟是杰弗逊总统。

可见，没有谁的路永远是一马平川的。为他人所左右而失去自己方向的人，将无法抵达属于自己的幸福终点。

真正成功的人生，不在于成就的大小，而在于是否努力地去实现自我，喊出属于自己的声音，走出属于自己的道路。

"横看成岭侧成峰，远近高低各不同。"凡事绝难有统一定论，我们不可能让所有的人都对我们满意，所以可以拿他们的"意见"做参考，却不可以代替自己的"主见"，不要被他人的论断束缚了自己前进的步伐。用你的热情追随你的心，它将带你实现梦想。

心平常，自非凡

"心平常，自非凡"，生活和工作当中，很多人并不是被自己的能力所打败，而是败给自己无法掌控的情绪。人生不如意之事十常八九，在现实工作中，在激烈的竞争形势与强烈的成功欲望的双重压力下，许多人往往会出现焦虑、急躁、慌乱、失落、颓废、茫然、百无聊赖等困扰工作的情绪，这种情绪一齐发作，常常会让人丧失对自身定位的能力，变得无所适从，从而大大地影响了个人能力的发挥，使自己的工作效能大打折扣，生活也因此变得混乱不堪。

古人云"宁静以至远，淡泊以明志"，身在现代社会，能够远离浮躁，常怀一颗平常心，就能够超越自己，成为一名工作高效、生活平衡的人。

无论做事还是做人，除了要善于抓住时机，懂得运用必要的技巧之外，还需要沉得下心来，保持一颗平常心。这种平常心，对于一名想要平衡自己的工作和生活，提高工作效率的人来说，是十分重要的。

所谓平常之心，就是不能只想成功，而拒绝失败、害怕失败，要能正确对待成功与失败。成功了，不骄傲自满，不狂妄自大；失败了，也应该平静地接受。失败也是生活中不可缺少的内容，没有失败的生活是不存在的。生活中没有常胜将军，任何一个渴望成功的人，都应该平静地接受生活给予的各种困难、挫折和失败。

你要让自己的心情彻底放松下来，要沉得住气，不要让欲望牵着你到处奔跑，让脚步随着心态走，让浮躁的心安顿下来，你就会体会到海阔天空。面对生活，你抱持何种心态，直接关系到你的工作效能和生活质量。多一分平常心，对生活就会多一分从容和洒脱。

拿着别人的地图，无法找到自己幸福的路

脸庞因为笑容而美丽，生命因为希望而精彩，倘若说笑容是对他人的布施，那么希望则是对自己的仁慈。

每个人都有自己的路，即使起点不同、出身不同、家境不同、遭遇不同，也可以抵达同样的顶峰，不过这个过程可能会有所差异，有的人走得轻松，有的人一路崎岖，但不论如何，艳阳高照也好，风雨兼程也罢，只要怀揣着抵达终点的希望，每个人都可以获得自己的精彩。

暂时的落后一点儿都不可怕，自卑的心理才是最可怕的。人生的不如意、挫折、失败对人是一种考验，是一种学习，是一种财富。我们要牢记"勤能补拙"，既能正确认识自己的不足，又能放下包袱，以最大的决心和最顽强的毅力克服这些不足，弥补这些缺陷。

人的缺陷不是不能改变，而是看你愿不愿意改变。只要下定

决心，讲究方法，就可以弥补自己的不足。在不断前进的人生中，凡是看得见未来的人，都能掌握现在，因为明天的方向他已经规划好了，知道自己的人生将走向何方。留住心中的希望种子，相信自己会有一个无可限量的未来，心存希望，任何艰难都不会成为我们的阻碍。只要怀抱希望，生命自然会充满激情与活力。

知道自己有多美好，无须要求别人对你微笑

当我们对自己说出"我很重要"这句话的时候，"我"的心灵一下子充盈了。是的，"我"很重要。

只要计算一下我们一生吃进去多少谷物、饮下了多少清水，才凝聚成这么一个独一无二的躯体，我们一定会为那数字的庞大而惊讶。世界付出了这么多才塑造了这样一个"我"，难道"我"不重要吗？

你所做的事，别人不一定做得来；而且，你之所以为你，必定是有一些特殊的地方——我们姑且称之为特质吧！而这些特质又是别人无法模仿的。

既然别人无法完全模仿你，也不一定做得来你能做得了的事，试想，他们怎么可能取代你的位置，来替你做些什么呢？所以，你必须相信自己。

况且，每个来到这个世上的人，都是与众不同的，所以每个人都会以独特的方式与他人互动。要是你不相信的话，不妨想

想：有谁的基因会和你完全相同？有谁的个性会和你一毫不差？

由此，我们相信，我们存在于这世上的目的，是别人无法取代的。相信自己很重要。"我很重要。没有人能替代我，就像我不能替代别人。"

生活就是这样的，无论是有意还是无意，我们都要对自己有信心。不要总是拿自己的短处去对比人家的长处，却忽视了自己也有人所不及的地方。自卑是心灵的腐蚀剂，自信却是心灵的发电机。所以我们无论身处何境，都不要让自卑的冰雪侵蚀心灵，而应燃烧自信的火炬，始终相信自己是最优秀的，这样才能调动生命的潜能，去创造无限美好的生活。

也许我们的地位卑微，也许我们的身份渺小，但这丝毫不意味着我们不重要。重要并不是伟大的同义词，它是心灵对生命的允诺。人们常常从成就事业的角度，断定自己是否重要。但这并不应该成为标准，只要我们在时刻努力着，为光明在奋斗着，我们就是无比重要的，不可替代的。

让我们昂起头，对着我们这颗美丽的星球上无数的生灵，响亮地宣布：我很重要。

面对这么重要的自己，我们有什么理由不爱自己呢！

你不是别人的陪跑，而是自己的主角

在这个世界上，没有任何一个人可以让所有人都满意。跟随他人的眼光来去的人，会逐渐黯淡自己的光彩。

生活在别人的眼光里，就会找不到自己的路。其实，每个人的眼光都有不同。面对不同的几何图形，有人看出了圆的光滑无棱，有人看出了三角形的直线组成，有人看出了半圆的方圆兼济，有人看出了不对称图形特有的美……同是一个甜麦圈，悲观者看见一个空洞，乐观者却品尝到它的味道。同是交战赤壁，苏轼高歌"雄姿英发，羽扇纶巾，谈笑间樯橹灰飞烟灭"；杜牧却低吟"东风不与周郎便，铜雀春深锁二乔"。同是"谁解其中味"的《红楼梦》，有人听到了封建制度的丧钟，有人看见了宝黛的深情，有人悟到了曹雪芹的用心良苦，也有人只津津乐道于故事本身……

人生是一个多棱镜，总是以它变幻莫测的每一面反照生活中的每一个人。不必介意别人的流言蜚语，也不必担心自我思维的偏差，坚信自己的眼睛、坚信自己的判断、执着自我的感悟，用敏锐的视线去审视这个世界，用心去聆听、抚摸这个多彩的人生，给自己一个富有个性的回答。

谁都有可能创造奇迹，为什么不能是你

自卑就是对自己的抱怨，是在心里对自己能力的一种怀疑。自卑是人生最大的跨栏，每个人都必须成功跨越才能到达人生的巅峰。

第三章 把人生还给自己，听从内心真实的声音

自卑的人，情绪低沉，郁郁寡欢，常因害怕别人看不起自己而不愿与人来往，与人疏远，缺少朋友，顾影自怜，甚至内疚、自责；自卑的人，缺乏自信，优柔寡断，毫无竞争意识，抓不住稍纵即逝的各种机会，享受不到成功的乐趣；自卑的人，常感疲劳，心灰意懒，注意力不集中，工作没有效率，缺少生活情趣。

如果一个人总是沉迷在自卑的阴影中，那无异于给自己套上了无形的枷锁。但是如果能够认识自己，懂得换个角度看待周围的世界和自己的困境，那么许多问题就会迎刃而解了。

富有者并不一定伟大，贫穷者也并不一定卑微。上帝是公平的，它把机会放到了每个人面前。自卑的人也有相同的机会。

自卑常常在不经意间闯进我们的内心世界，控制着我们的生活，在我们有所决定、有所取舍的时候，向我们勒索着勇气与胆略；当我们碰到困难的时候，自卑会站在我们的背后大声地吓唬我们；当我们要大踏步向前迈进的时候，自卑会拉住我们的衣袖，叫我们小心地雷。一次偶然的挫败就会令你垂头丧气，一蹶不振，将自己的一切否定，你会觉得自己一无是处，窝囊至极，你会掉进自责自罪的旋涡。

自卑就像蛀虫一样啃噬着你的人格，它是你走向成功的绊脚石，它是快乐生活的拦路虎。一个人如果自卑，不敢有远大的目标，永远不会出类拔萃；一个民族和国家，如果自卑，永远站不起来，只能跟在别国后边当附庸。

自卑是一种压抑，一种自我内心潜能的人为压抑，更是一种恐惧，一种损害自尊和荣誉的恐惧，所以生活中，我们只有比别人更相信并且珍爱自己，我们才能发挥自己最大的潜力，创造出属于自己的天地。当我们遭到冷遇时，当我们受到侮辱时，一定要自尊自爱，把羞辱作为奋发的动力，激励自己去战胜一个个困难。

做一个安静细微的人，于角落里自在开放

一个人若种植信心，他会收获品德。一个人若种下骄傲的种子，他必收获众叛亲离的果子，甚至带来不可预知的危险，就像那只自夸自大、自我膨胀的狐狸一样。

但高傲的姿态，却是现代人的通病。大家都想吸引别人的目光，殊不知这目光可能投来善意，也可能投来恶意。越是高调的人，越容易成为众矢之的。老子在《道德经》中说："生而不有，为而不恃，功成而不居。"又说："功成名遂，身退，天之道。"如果成功之后，只知自我陶醉，迷失于成果之中停滞不前，那就是为自己的成就画了句号。

成功常在辛苦日，败事多因得意时。切记：不要老想着出风头。一个人的成绩都是在他谦虚好学、伏下身子踏实肯干的时候取得的，一旦骄气上升、自满自足，必然会停止前进的脚步。

一个人有一点儿能力，取得一些成绩和进步，产生一种满意和喜悦感，这是无可厚非的。但如果这种"满意"发展为"满

足"，"喜悦"变为"狂妄"，那就成问题了。这样，已经取得的成绩和进步，将不再是通向新胜利的阶梯和起点，而成为继续前进的包袱和绊脚石，那就会酿成悲剧。

在这个世界上，谁都在为自己的成功拼搏，都想站在成功的巅峰上风光一下。但是成功的路只有一条，那就是放低姿态，不断学习。在通往成功的路上，人们都行色匆匆，有许多人就是在稍一回首、品味成就的时候被别人超越了。因此，有位成功人士的话很值得我们借鉴："成功的路上没有止境，但永远存在险境；没有满足，却永远存在不足；在成功路上立足的最基本的要点就是学习，学习，再学习。"

你的独立，就是你的底气

在遇到困难的时候，依赖别人不如依赖自己，因为只有自己最清楚自己的境遇，只有自己最了解自己。

很多人处于不利的困境，总期待借助别人的力量去改变现状。殊不知在这个世界上，最可靠的人不是别人，而是你自己，你想着依赖别人，怎不想着依赖自己呢？

每个人对别人都有一种依赖性，在家依赖父母，依赖爱人，在外依赖朋友，依赖同事。然而，生活中最大的危险，就是依赖他人来保障自己。将希望寄托于他人的帮助，便会形成惰性，失去独立思考和行动的能力；将希望寄托于某种强大的外力上，意志力就会被无情地吞噬掉。

我们总是一边羡慕着别人，一边唾弃着自己

自信是成功之源，只要你能时刻都充满自信地去面对任何情况，你就能化解任何障碍，解决各种困难，你的生命也会得到升华。

一个意志坚定的人，是不会恐惧艰难的。尽管前面有阻挡他前进的障碍物，也不能阻止住他。意志坚定的人会排除这个障碍物，然后继续前进。尽管路上有使人跌倒的滑石，但它只能使他人跌倒，意志坚定的人，行进时脚底步步踏实，滑石也奈何不得他。

一个人的自信力，能够控制他自己的生命，并能将他的"信念"坚强地运行下去。这不愧是一个有能力的人，能够担负起艰巨的责任，这样的人才是可靠的。

如果一个人能够了解坚定的力量，能够把他所希望的东西在心里牢牢地把握住，然后向着这理想目标艰苦不懈地努力，那么，他一定可以排除种种的不幸与困难，达到理想中的最高峰。

如果连信心都没有，无论如何，这个人都不会有大成就，相反，如果拥有坚强的信心，即使现在身陷低位，也只是暂时的，坚强的信心终究会为他带来成功。

第四章

但凡被荣光遗漏，掌声也许等待在最后

别着急，属于你的岁月都会给你

英国诗人兰德晚年写过一首《生与死》的小诗："我和谁都不争/和谁争我都不屑/我爱大自然/其次是艺术/我双手烤着生命之火/火萎了/我也准备走了。"这首小诗积极乐观，宁静淡泊的境界，是处于喧嚣的尘世也不会为万念所动的心平气和的写照。

这种心平气和就是不为虚荣所诱，不为权势所惑，不为金钱所动，不为美色所迷，不为一切浮华沉沦。但在物欲横流的社会，"金钱权力""声色犬马"处处充满了诱惑和陷阱，要想保持一份平常心绝非易事，因为生活中我们往往被太多的物欲所困扰，生活中充满了急功近利、浮躁与喧嚣，很难保持内心的清明与平静。

从人本身来说，我们所希求的东西并不是很多，但人往往会生出许多欲望来，那些欲望直至大到我们所不能够承受，平白地给我们许多压力，让人觉得累，觉得疲惫，让你竟然忘记了你完全可以将这一切抛却，活一个快乐潇洒的自己。要想拥有幸福的生活，就要学会控制你的欲望，也要懂得放弃。

放弃需要明智，须知该是你的便是你的，不是你的，任你苦苦挣扎也得不到。有时你以为得到了，可能失去的会更多；有时你以为失去了不少，却有可能获得了许多。

耐得住寂寞，才能看得见繁华

成就大业者，都是能耐得住寂寞的，古今中外，概莫能外。门捷列夫的化学元素周期表的诞生，居里夫人发现镭元素，陈景润在哥德巴赫猜想中摘取桂冠等，都是他们在寂寞、单调中，扎扎实实做学问，在反反复复冷静思索和数次实践中获得的成就。

成就事业要能忍受孤独、平心静气，这样才能深入"人迹罕至"的境地，汲取智慧的甘之如饴，如果过于浮躁，急功近利，就可能适得其反，劳而无功。

其实，做人生的"演员"很累，而且很容易被揭穿。因此，我们与其把大部分时间放在表演上，还不如真真正正做点儿事情。这样我们在为公司创造业绩的同时，自己的能力与价值也得到了提升，今后要想谋求大的发展也就相对容易了。

庄子说："虚静恬淡，寂寞无为者，天地之平，而道德之至也。"持重守静乃是抑制轻率躁动的根本。浮躁太甚，会扰乱我们的心境，蒙蔽我们的理智。浮躁是为人之忌。要想成就一番功业，就该戒骄戒躁，脚踏实地，扎扎实实地积累与突破，这样才能在人生路上走得稳，并且走得远。

因此，在人生的道路上，即使我们的希望一个个落空了，我们也要坚定，要沉着，要知道成功永远属于那些耐得住寂寞的人。

谁不是一边受伤，一边坚强

四时有更替，季节有轮回，严冬过后必是暖春，这是大自然的发展规律。在我们人类眼中，事物的发展似乎也遵循着这一条规律，否极泰来、苦尽甘来、时来运转等成语无不反映了人们的一种美好愿望：逆境达到极点就会向顺境转化，坏运到了尽头好运就会到来。所以，我们坚信，没有一个冬天不可逾越，没有一个春天不会来临。这是对生活的信心，也是对生活的希望，有了信心与希望，无论事情多糟糕，我们也会有面对现实的勇气和决心。

天无绝人之路，生活有难题，同时也会给我们解决问题的能力与方法。坚信人生没有过不去的坎儿，坚信冬天之后春天会来临。在困难面前不要低头，要昂首挺进，直至迎来了生命的春天。

生活并非总是艳阳高照，狂风暴雨随时都有可能来临。但是每一个人都需要将自己重新打理一下，以一种勇敢的人生姿态去迎接命运的挑战。请记住，冬天总会过去，春天总会来到，太阳也总要出来的。度过寒冬，我们一定会生活得更好。

明天的希望，在于今天的默默付出

有这样一道题：给你一张报纸，然后重复这样的动作：对折，再对折，不停地循环下去。当你把这张报纸对折了51次的时候，你猜所达到的厚度有多少？一个冰箱？两层楼？你能肯定这是你所能想象的最大厚度吗？但是在计算机的模拟演算下，得到一个惊人的结果，这个厚度接近于地球到太阳之间的距离！

就是这样简简单单的动作，却制造了一个惊人的结果。为什么看似毫无分别的重复，会出现这样的奇迹呢？换句话说，这种貌似"意外"的成功，根基何在？

秋千所荡到的高度与每一次加力是分不开的，明天的任何一点儿希望都是在于今天的默默付出。默默付出的时候就是成功走在路上的时候。虽然默默付出看似是不聪明的做法，却依然要一丝不苟地去做。

"明天的希望，在于今天的默默付出。"这是成功者不断勉励自己的至理名言。要想成大事就要不断地对自己说这些话，不厌其烦地提醒自己。

只有在成功前学会默默地付出，才可以为你的成功奠定基础，让你从芸芸众生中脱颖而出。只要你能全身心地投入到自己的工作中，即使是一个能力一般的人，也可以取得令人瞩目的成绩。在成功到来之前默默地努力永远是取得骄人业绩的前提。

一个人有梦想、有热情固然重要，然而实现梦想的过程却是艰难的。只有对生活充满期待并肯为之默默付出努力的人，才能将自己的理想化为现实。

美国有一位哲人曾经说过："很难说世上有什么做不了的事，因为昨天的梦想可以是今天的希望，还可以是明天的现实。"

如果我们能够在人生的轨道上学会为我们的梦想默默付出，终有一天你会收获幸福的果实。

微笑不用花钱，却永远价值连城

微笑具有一种独特的魅力，它可以点亮天空，可以使人振作精神，可以改变你周围的气氛，更可以改变你，面带微笑会使你更受别人的欢迎。

悲痛时，我们可以用微笑驱除眼泪；不安时，我们可以用微笑驱除恐惧；烦恼时，我们可以用微笑驱除郁闷。

微笑具有一种无形功能，它能拉近人心与心的距离，进行情与情的交流，让针锋相对的兄弟重新成为手足，让水火不容的朋友重新成为生死之交。

微笑是社交场合的通行证，表达感情的最好方式。动人的微笑需要找到最适合的表情，并熟悉和反复练习。经过训练的笑容，应该是可以控制、有表达力的微笑，这与我们本色的微笑不同，本色的微笑只有心中有笑意才会笑，没有笑意又没有经过训练，你是笑不出来的，也是不会笑的。可是在生活、工作中，在人与人的交往中，微笑也是一种工具，你可以用它拉近人与人之间的距离，表达你对他人的尊敬和礼貌，感谢他人的诚意和礼遇，因此我们说，在和别人交往时要懂得微笑。

黑暗，只是光明的前兆

不要埋怨眼前的黑暗，你所要做的就是时刻做好准备，去迎接光明，因为黑暗只是光明的前兆。

莎士比亚名著《哈姆雷特》中有这样一句经典台词："光明和黑暗只在一线间。"一个人身处黑暗之中，你的心灵千万不要因黑暗而熄灭，而是要充满希望，因为黑暗只是光明来临的前兆而已。

如果没有黑暗，怎么可能发现光明呢？黑暗并不可怕，它只是光明到来之前的预兆。在黑暗中摸索前行，充满光明的渴望，才是最良好的心态。如果你害怕黑暗，因黑暗而绝望，你将被无边的黑暗所淹没。相反，若你一直在心中点一盏长明灯，相信光明很快就会降临。

寂寞成长，无悔青春

每个想要突破目前的困境的人首先都需要耐得住寂寞，只有在寂寞中才能催生一个人的成长。

曾有人在谈及寂寞降临的体验时说："寂寞来的时候，人就仿佛被抛进一个无底的黑洞，任你怎么挣扎呼号，回答你的，只有狰狞的空间。"的确，在追寻事业成功的路上，寂寞给人的精神煎熬是十分厉害的。想在事业上有所成就，自然不能像看电影、听故事那么轻松，必须得苦修苦练，必须得耐疑难、耐深奥、耐无趣、耐寂寞，而且要抵得住形形色色的诱惑。能耐得住寂寞是基本功，是最起码的心理素质。耐得住寂寞，才能不赶时髦，不受诱惑，才不会浅尝辄止，才能集中精力潜心于所从事的工作。耐得住寂寞的人，等到事业有成时，大家自然会投来钦佩的目光，这时就不寂寞了。而有着远大志向却耐不住寂寞，成天追求热闹，终日浸泡在欢乐场中，一混到老，最后什么成绩也没有的人，那就将真正寂寞了。其实，寂寞不是一片阴霾，寂寞也可以变成一缕阳光。只要你勇敢地接受寂寞，拥抱寂寞，以平和的爱心关爱寂寞，你会发现：寂寞并不可怕，可怕的是你对寂寞的惧怕；寂寞也不烦闷，烦闷的是你自己内心的空虚。

如果你真正的最爱是文学，那就不要为了父母和朋友的谆谆教诲而去经商，如果你真正的最爱是旅行，那就不要为了稳定选择一个一天到晚坐在电脑前的工作。

你的生命是有限的，但你的人生却是无限精彩的，也许你会成为下一个李安。

但你需要耐得住寂寞，七年你等得了吗？也有可能会更久，你等得到那天的到来吗？别人都离开了，你还会在原地继续等待吗？

一个人想成功，一定要经过一段艰苦的过程。任何想在春花秋月中轻松获得成功的人距离成功遥不可及。这寂寞的过程正是你积蓄力量，开花前奋力地汲取营养的过程。如果你耐不住寂寞，成功永远不会降临于你。

不喧哗，自有声

人生最大的自由，莫过于选择成败，成功者寥若晨星，更少有人青史留名，而失败者比比皆是。据有关学者研究证明：48%的人经历一次失败，就一蹶不振了；25%的人经历两次失败就泄气了；15%的人经历三次失败也放弃了；只有12%的人经历无数次的失败后，仍不气馁，始终朝着一个方向冲刺。他们坚信，只要方向不错，方法得当，坚持不懈、锲而不舍，成功只是时间问题。人生最大的敌人是自己，战胜自己是成功者的必经之路。

只要有恒心，铁棒也能磨成针。看一个人，不必看他辉煌耀眼、春风得意之时，而应看他身处逆境时是怎样艰难跋涉的。执着是人类的一种美德，任何天赋、才华、强势都不能代替。不积跬步，无以至千里；不积细流，无以成江河。千里之行始于足下，做任何事情都必须有恒心。

不要轻易动摇，别把未来轻易输掉

有些人总是抱怨一次又一次地错失机会，就是由于他们总是在自己原本对的时候，向反对意见妥协了；在不知道自己正确与否时，只要有反对的声音，就不敢坚持自己的意见，最终错失了机遇。

如果全世界都说'不'，你要做的就是说'是'，并证明给人看。"在别人都说"不"的时候说"是"，说起来容易，做起来的确需要勇气。大部分人都需要其他人的附和才会坚持自己的意见，

很少有人敢于坚持自己的个性。于是，大多数人都成了芸芸众生的普通人，而那些卓尔不群、不为大多数人的意见所左右的人则成为少数的成功者。

有独立意志的人会利用人人具备的常识和事实进行探究，做出合理的假设，然后得出自己的答案，并且敢于坚持。他们自己进行思考和创造，自己制订计划并付诸实施，最终获得了机遇的青睐。

如果一个人不相信自己所做的事是正确的，屈服于来自外界的意见与批评，那么，他就会错过很多成功的机会。别人的意

见未必就是正确的，一个坚持自己意见的人，才能赢得机会的青睐。

永远不要消极地认为自己什么事情也做不好。首先你要认为你能，你可以，你是正确的，再去尝试、再尝试，最后你就会发现你确实是对的，并且可以做得很好。

人最可贵的品质就是在经历艰难困苦的时候坚持自我，在恶劣环境和周围的人对你说"不"的时候，坚守内心真正的想法，并持之以恒。每一次转折，都是一次机会，只要你对自己有足够的信心，你就可以在大家不看好你的情况下抓住机遇的尾巴。

在别人说"是"的时候，我们也应该对自己有清醒的认识，不能盲从，适时地说"不"。在鲜花与掌声面前，我们更要坚持自我，从容应对各种诱惑，不陶醉于令人痴迷的生活，努力追求自己所热爱的事情，并时时恪守自己的原则。那么，无论周围的环境如何变化，你始终是那个离目标最近的人。

第五章

你要拼命活得更好，向着光亮奔跑

别怕只身独行，你就是百万雄兵

天台智者大师说："一切诸佛土，实皆平等。但众生根钝，浊乱者多，若不专系一心一境，三昧难成。"

每个人的出生背景不同，天赋条件各有差异，但机会均等，人人都有成大器的可能。打个比方，家庭富裕的人，创业比较容易，但太容易到手的成功，对人缺乏吸引力，难免影响创业激情；出身贫寒的人，举步维艰，但是，穷则思变，过多的生活磨难能让人对成功充满渴望，激发斗志。

所以，对于创业来说，无论贫者富者，都是一利一弊，如能因利除弊，都可能大获成功。天资聪颖的人，学知识比较快捷，却可能对知识的理解流于肤浅；头脑愚钝的人，学知识比较困难，却可能因穷心钻研而理解透彻。所以，两者在成为智者的条件上几乎是一样的。

虽然每个人都有成大器的可能，也有成大器的意愿，但最终心想事成者却只是少数人。这是为什么？因为多数人不能认定目标、持之以恒。在这个世界上，值得追求的东西很多，如果什么都想要，就什么也得不到。只能选定一个目标，盯紧它，全力追赶它，不受其他目标的诱惑，才可能达成心愿。

　　这个道理，好比狮子追赶猎物。狮子会盯紧前面的目标穷追不舍，即使身边出现其他猎物，距离前面的猎物更近，它也不会改换目标。这是为什么呢？狮子追赶猎物，不仅是速度的较量，而且是体能的较量。

　　只要盯紧前面的目标，当猎物跑累了，十有八九会成为狮子的美餐。如果狮子改换目标，新猎物体能充沛，跑得会更快、更持久，捕捉到的可能性更小。如果狮子不断更换目标，累死了也不会有收获。

　　干事业也是如此，人的精力有限，能办成的事毕竟很少。如果精力分散，到头来只会两手空空。必须对一个目标穷追不舍，才可望有所收获。

　　无论从事任何行业，要想获得令人瞩目的成功，都需要具备很强的目标专注力。这就是说，要把心力尽可能用到与目标相关的事情上，而放弃其余。

　　世上无所谓高尚的职业，也无所谓低贱的职业。无论任何事，只要一心一意把它做到极致，就能成就杰出。

在现代社会，机会多多。但是，过多的选择机会反而容易使人见异思迁，走上迷途。如何克服机会的诱惑？这是有志于造就一番事业者的必修课。

所有的逆袭，都不过是有备而来

古罗马大哲学家西琉斯曾经说过："想要达到最高处，必须从最低处开始。"正是因为老人把自己的位置放得很低，所以能够从容不迫，能够知足常乐。而许多年轻人有时并不能正确摆正自己的位置，总是一开始就把自己的位置摆得很高，殊不知唯有埋头从小事做起，将来才会有出头之日，如果开始时能把自己的位置放得低一些，今后就会有无穷的动力和后劲儿。

我们往往非常钦佩那些从小做到大的创业者们，他们的创业过程让人听得有滋有味、羡慕不已。他们受益和成功的进程也最明显。究其原因，主要是他们开始时就把自己的位置放得很低，想着失败了自己大不了还是一个一无所有的失业人员，没有包袱，没有顾虑，更重要的是他们乐于从小事做起，埋头苦干，不计较一时的得失，眼光总是很长远，所以最终他们成功了。

古语云："不积跬步，无以至千里；不积小流，无以成江海。"因为小是大的基础，大是小的积累，无小则不能成其大，不能做小事的人也终不能成就大事。生活中，对于那些不起眼的小事，谁都知道应该怎样做。有的人则不屑一顾，一心只想着干大事，但有的人却做了，并乐此不疲。最后，从小事做起的人一步步走向成功，小事不做、一心想一鸣惊人的人只能在更小的事上操劳，最终一事无成。

不因事小而不为，想成就一番大事业，就必须埋头、弯腰，从小事做起，否则你将永远会为弥补小事的不足而忙碌在更小的事情上。卡耐基曾说过："如果一个人对小事不屑一顾，即使做了也不情愿，每天只想着做大事，是不能委以重任的，因为十有八九他不能把事情做好。每天只想着做大事，而不想做小事的人，肯定也没有那个能力和毅力去做大事。"可见，成功的秘诀很简单，就是把工作中的小事做好了，以小积大，最终获得成功。

真正伟大的人物从来不蔑视日常生活中的各种小事情，即使常人认为很卑贱的事情，他们都满腔热情地对待。许多事实都在启迪我们：切勿因为事小而轻易放过；切勿因事小而不为，重大的成功，重大的突破或许就凝结在这点点滴滴的小事中。居里夫人对待科学研究的每一个细节，从不轻易放过；牛顿对小小的一个苹果落地都要问其究竟……所以，古语云："子虽贤，不教不明；事虽小，不做不成。"小事不想做，不去做，又何谈成大事，实现自己的梦想？

中国有句流传千古的话："千里之行，始于足下。"要成功就必须从点滴做起，善于做小事，喜欢做小事。我们只有从小事做起，在小事中锻炼自己，才能为今后做真正的大事铺平道路。所以，无论手头上的事是多么不起眼，多么烦琐，只要你认认真真、仔仔细细埋头去做，就一定会有出头的一日。

那么好的生活，值得你放手一搏

俄国文学家契诃夫说过："不懂得幽默的人，是没有希望的人。"

百年人生，逆境十之八九。我们在人生的旅途上，并非都是铺满鲜花的坦途，反而要常常与不如意的事情结伴而行。诸如考试落榜、工作解聘、官职被免、疾病缠身、情场失意等，都会使人叹息不止，产生强烈的失落感。有的人甚至从此一蹶不振，心理上长期处于沮丧、忧伤、懊悔、苦闷的状态，不但影响工作情绪和生活质量，而且有害于身心健康。

实际上，许多不如意的事，并非由于自己有什么过错，有时是由于自己力量不及，有时是由于客观条件不允许，有时则是"运气不佳"，有时甚至纯属天灾人祸。在这种情况下，如果面对现实，及时调整心态，不时幽默一下，就能化解困境，平衡心理，使自己从苦闷、烦恼、消沉的泥潭中解脱出来。因此，生活中的每个人都应当学会少一点儿失望，多一点儿幽默。

有的人善于运用幽默的语言行为来处理各种关系，化解矛盾，消除敌对情绪。他们把幽默作为一种无形的保护伞，使自己在面对尴尬的场面时，能免受紧张、不安、恐惧、烦恼的侵害。幽默的语言可以解除困窘，营造出融洽的气氛。

幽默是好莱坞的一大传统。出身好莱坞的里根也常常采用同样的幽默嘲讽手法。幽默有时很奏效，笑声使人们驱散了认为里根好斗并爱干蠢事的那种印象。有一次讲演中，针对有人抗议他在国防方面耗资巨大的问题，里根说："我一直听到有关订购B-1这种产品的种种宣传。我怎么会知道它是一种飞机型号呢？我原以为这是一种部队所需的维生素而已。"里根这种把昂贵的战斗机拿来开玩笑的幽默，抵消了人们对庞大的国防预算的批评。

美国心理学教授塔吉利亚认为，幽默是自我力量的最高、最佳层次。他说，到达了这一层次，一切的问题和困扰都会自行削弱，从而达到抚慰人心的效果。事实也是这样，逃避并不是超脱，需要得到超脱的是我们那种受狭隘自尊心理束缚的"一本正经"。其实，笑自己长相上的缺陷，笑自己干得不太漂亮的事情，会使你变得富有人情味。据说，法国一家销售公司的总裁，专门雇用那些善于制造快乐气氛、懂得幽默的人。他说："幽默能把自己推销给大家，让人们接受他本人，同时也接受他的观点、方法和产品。"

当你遇到困难、挫折或是尴尬时，你不应该气馁、绝望或缩手缩脚。此时，最好的化解方法就是幽默，跟别人一起大笑一阵后，什么事都没了。幽默，既是自谦，又是自信。它不同于自轻自贱，更不同于自诩自大。当你学会了如何幽默时，你会发现，自己已经掌握了制造快乐、摆脱困境以及维护尊严的能力。

你只需努力，剩下的交给时光

你的困难、挫折、失败，其他人同样可能遇到，而其他人遇到的更大的困难、挫折、失败，你却没有遇到，你绝对不比其他人更不幸。不要因为没有鞋子而哭泣，看看那些没有脚的人吧！绝对不要把自己想象成最不幸的，否则，那你真正成了最不幸的人。要知道，没有什么困难能够打垮你，唯一能够打垮你的就是你自己，那就是你把自己看作是最不幸的。

许多人常常认为自己是最不幸的、最苦的人，实际上许多人比你的苦难还要大，还要苦，大小苦难都是生活所必须经历的。苦难再大也不能丧失生活的信心与勇气。与许多伟大的人物所遭受的苦难相比，我们个人所遭到的困难又算得了什么。名人之所以成为名人，大都是由于他们在人生的道路上能够承受住一般人所无法承受的种种磨难。他们面对事业上的不顺、情场上的失意、身体上的疾病、家庭生活中的困苦与不幸，以及各种心怀恶意的小人的诽谤与陷害，没有沮丧，没有退缩，而是咬紧牙关，擦净悲愤的泪水和那饱受创伤的心所流出的殷红的鲜血，奋力抗争，不懈地拼搏，用自己惊人的毅力和不屈的奋斗精神，为人类的文明和社会的进步做出了卓越的贡献，从而成为风靡世界的名人。

人生需要的不是抱怨、自怜，而是扎扎实实、艰苦地奋斗。人是为幸福而活着的，为了幸福，苦难是完全可以接受的。

人生的苦难与幸福是分不开的。人类的幸福是人类通过长期不懈的努力而逐步得到的，这其中要经历各种苦难，这正像人们常讲的，幸福是由血汗造就的。切记，拒绝苦难的人，就不可能拥有幸福。

勇敢地与旧生活说再见，你的美好终须自己成全

"应当惊恐的时候，是在不幸还能弥补之时；在它们不能完全弥补时，就应以勇气面对。"

当我们知道"勇气"可以代替"快乐"时，我们是幸运的，只是因为它揭示了生活中的一个事实。虽然我们失去了一些东西，但是，我们同时也有所得。即使我们没有运气，我们也可以有勇气。幸运也是变幻无常的，它会赋予一个人名声，赋予另一个人财富，并且可以毫无理由。勇气却是一个稳定而又可以依靠的朋友，只要我们信任它。

有句古老的谚语说："生来就拥有财富还不如生来就有好运。"这句话说得也许正确，但是，如果生来就拥有勇气则会更好。财富可能会挥霍一空，好运可能会掉头而去，而勇气则会常

伴你左右。

让我们用笑脸来迎接悲惨的厄运，用百倍的勇气来应付一切的不幸。勇气在哪里，成功就在哪里；勇气在哪里，生命就在哪里。

对未来的真正慷慨，就是把一切献给现在

希望，是一个美好的词儿，郝思嘉那句"明天又是新的一天"不知道鼓舞了多少来来去去的人们，让很多人心生力量去对抗眼前的苦痛和艰辛。对很多人来说，希望是维生素，让他们日日精神百倍，活力四射。

昨日已成历史，明日还未可知，只有此时此刻是上天的赐予。生命的意义只能从当下的现在去寻找。逝者已矣，来者不可追。如果我们不追求当下，就永远探触不到生命的脉动。人，不能弥补过去，也不能预测未来，唯一能做的，只有把握现在。不懂得把握"现在"，过去和未来都将成为落寞的烟尘。

过去的事，随风而去，深陷于过去之中不能自拔，只能徒增烦恼而于事无补。同样，将来的事，就像镜花水月一样，无论多么美丽，都不能立刻变为现实，沉湎于未来的憧憬往往让人变得不切实际或者停步不前。茫茫尘世间，人不过就是一粒浮尘，来自偶然，也不知去向何处。今世做人，就做好人的本分，不必去追问前生，亦不必去幻想来世。

"对酒当歌，人生几何。譬如朝露，去日苦多。"曹操在
《短歌行》中曾用这样的诗句慨叹人生苦短，要及时行乐。如果
延伸开来，就是在告诫我们人生苦短，要好好把握当下。

　　不论是灵修大师、佛学大师都在劝世人要"好好把握当
下""活在当下"。活在当下也就意味着我们要对自己当前的状
况感到满意，要相信每一个时刻发生在我们身上的事情都是最好
的，要相信自己的生命正以最好的方式展开着。如果我们抱怨现
状不好、不满意，是因为我们不知道还有更坏的，而如果我们不
活在当下，就会永远的失去当下。

　　现在的人们之所以总是被这样或者那样的烦恼纠缠，就是因
为他们总是回忆过去或憧憬未来，而往往忽视了当下的生活，或
在不断地抱怨当下的生活，所以他们得不到想要的幸福。而一个
真正懂得"活在当下"的人能"快乐来临的时候就享受快乐，痛
苦来临的时候就迎着痛苦"。

　　"忘记自己从哪儿来，也不寻求自己往哪儿去，承受什么际
遇都欢欢喜喜，忘掉死生，像是回到了自己的本然，这就叫作不
用心智去损害大道，也不用人为的因素去帮助自然"。这就是佛
家所谓的"真人"，也就是人生的价值的最完美体现。

　　活着是什么，即是对现有的生命悠然而受之，天冷了就加
衣服，天热了就脱衣服；并能受而喜之。世间的因缘际会太多，
一些时机被错过，因缘之路就会出现截然不同的方向。所以佛家

大师才发出感慨：当下一旦有了机会，就应该牢牢把握、为此努力，否则岂不浑浑噩噩一生。

有的人都相信来生与前世。因为那让我们能对今生的不幸，用前世做借口，说那是前世欠下的。也能对今生的不满，用来生做憧憬，说可以等待来生去实现。问题是，没有努力过的今生，不会后悔吗？

唯有认真地活在当下，才是最真实的人生态度。这句话明白地告诉我们，活在当下就是一种全身心地投入人生的生活方式。然而大多数的人都无法专注于"现在"，他们总是想着明天、明年甚至下半辈子的事，时时刻刻都将力气耗费在未知的未来，却对眼前的一切视若无睹，便永远也不会得到快乐。当我们存心去找快乐的时候，往往找不到，唯有让自己活在"现在"，全神贯注于周围的事物，快乐便会不请自来。

人生无常，很多事情都不是我们能预料的，我们所能做的只是把握当下，珍惜现在所拥有的一切。人只要生下来，世界就有我们的一份，凡事为此而努力。珍惜自己所拥有的一份，否则因缘际会，一错过时机，因缘又不一样了。所以，我们要抛却过去和未来，在当下的每一分钟重新开始美好的人生。

再牛的梦想，也抵不住傻瓜似的坚持

我们之所以没有成功，很多时候是因为在通往成功的路上，我们没能耐得住寂寞，没有专注于脚下的路。

在通往成功的道路上，如果你能耐得住寂寞，专注于脚下的路，目的地就在你的前方，只要努力，你一定会走到终点；如果你专注于困难，始终想不到目的地就在离你不远的前方，你永远都走不到终点！

可能在人生旅途中我们会有理想也会有很多目标，但我们从来都不知道会遇到什么困难，所以你努力地朝着终点前进，你在过程中变得更自信更坚强，最终也走到了目的地。但如果你已经预测到了，我们的旅途是何等的艰辛，它困难重重，我们千方百计地去设想、规划每个可能碰到的困难，结果我们在攻克中迷失了方向，在想的过程中目的地已经离我们太远了。

咬咬牙，人生没有过不去的坎儿

往往，再多一点儿努力和坚持便收获到意想不到的成功。以前做出的种种努力、付出的艰辛，便不会白费。令人感到遗憾和悲哀的是，面对一而再再而三的失败，多数人选择了放弃，没有再给自己一次机会。

在人生的海洋中航行，不会永远都一帆风顺，难免会遇到狂风暴雨的袭击。在巨浪滔天的困境中，我们更须坚定信念，随时赋予自己生活的支持力，告诉自己"我应付得了"。当我们有了这份坚定的信念，困难便会在不知不觉中慢慢远离，生活自然会回到风和日丽的宁静与幸福之中。唯有相信自己能克服一切困难的人，才能激发勇气，迎战人生的各种磨难，最后成就一番大业！记住，只要你有决心克服，就一定能走过人生的低谷。

卡耐基在被问及成功秘诀的时候说道："假使成功只有一个秘诀的话，那应该是坚持。"人生道路中的很多苦难和痛苦都是如此，只要熬过去了，挺住了，就没什么大不了的。

生活的意义，并不在于你是否在经受挫折和磨炼，也不在于要经受多少挫折和磨炼，而是在于忍耐和坚持不懈。经受挫折和磨炼是射击，瞄准成功的机会也是射击，但是只有经历了九十九颗子弹的铺垫，才有一枪击中靶心的结果。

只要坚持到底，就一定会成功，人生唯一的失败，就是当你选择放弃的时候。因此，当你处于困境的时候，你应该继续坚持下去，只要你所做的是对的，总有一天成功的大门将为你而开。

拿破仑曾经说过："达到目标有两个途径——势力与毅力。势力只有少数人所有，而毅力则属于那些坚韧不拔的人，它的力量会随着时间的推移而至无可抵抗。"往往，再多一点儿努力和坚持便收获到意想不到的成功。以前做出的种种努力、付出的艰辛，便不会白费。令人感到遗憾和悲哀的是，面对一而再再而三的失败，多数人选择了放弃，没有再给自己一次机会。所以，无论我们处于什么样的困境，遭遇多大的痛苦，我们都应该激励自己：离成功我只有一海里，只要熬过去就是胜利！

纵使平凡，也不要平庸

平凡与平庸是两种截然不同的生活状态：前者如一颗使用中的螺丝钉，虽不起眼，却真真切切地发挥作用，实现价值；后者就像废弃的钉子，身处机器运转之外，无心也无力参与机器的运作。

平凡者纵使渺小却挖掘着自己生命的全部能量，平庸者却甘居无人发现的角落不肯露头。虽无惊天伟绩但物尽其用、人尽其能，这叫平凡；有能力发挥却自掩才华，自甘埋没，这叫平庸。

世间生命多种多样，有天上飞的，有水中游的，有陆上爬的，有山中走的；所有生命，都在时间与空间之流中兜兜转转。生命，总以其多彩多姿的形态展现着各自的意义和价值。

"生命的价值，是以一己之生命，带动无限生命的奋起、活跃。"智慧禅光在众生头顶照耀，生命在闪光中见出灿烂，在平凡中见出真实。所以，所有的生命都应该得到祝福。

"若生命是一朵花就应自然地开放，散发一缕芬芳于人间；若生命是一棵草就应自然地生长，不因是一棵草而自卑自叹；若生命好比一只蝶，何不翻翻飞舞？"芸芸众生，既不是翻江倒海的蛟龙，也不是称霸林中的雄狮，我们在苦海里颠簸，在丛林中避险，平凡得像是海中的一滴水、林中的一片叶。海滩上，这一粒沙与那一粒沙的区别你可能看出？旷野里，这一堆黄土和那一堆黄土的差异你是否能道明？

第五章　你要拼命活得更好，向着光亮奔跑

每个生命都很平凡，但每个生命都不卑微，所以，真正的智者不会让自己的生命陨落在无休无止的自怨自艾中，也不会甘于身心的平庸。

你可见过在悬崖峭壁上卓然屹立的松树？它深深地扎根于岩缝之中，努力舒展着自己的躯干，任凭阳光暴晒，风吹雨打，在残酷的环境中它始终保持着昂扬的斗志和积极的姿态。或许，它很平凡，只是一棵树而已，但是它并不平庸，它努力地保持着自己生命的傲然姿态。

有人说："平凡的人虽然不一定能成就一番惊天动地的大事业，但对他自己而言，能在生命过程中把自己点燃，即使自己是根小火柴，只能发出微微星火也就足够了；平庸的人也许是一大捆火药，但他没有找到自己的引线，在忙忙碌碌中消沉下去，变成了一堆哑药。"

也许你只是一朵残缺的花，只是一片熬过旱季的叶子，或是一张简单的纸、一块无奇的布，也许你只是时间长河中一个匆匆而逝的过客，不会吸引人们半点儿的目光和惊叹，但只要你拥有积极的心态，并将自己的长处发挥到极致，就会成为成功驾驭生活的勇士。

第六章

紧紧抓住爱，用力狠狠爱

在爱里，从来没有太晚的开始

如果上帝告诉你，会赐予你一段独一无二的真爱，你会愿意用多久的时间去守候？

有人也许会说："一个月。"他用一个月的时间进行各种努力，让真爱靠近。有人也许会说："一年。"一年的光阴足够考量他的耐心与诚意。也有人会说，十年，毕竟是真爱啊，值得用久一点儿的时间来等候。只有为数不多的人，没有任何话语，却用自己一生的时间去守候自己心里唯一的爱。

到底有多少人在用十年的时间来等待一份真爱的来临呢？大部分的人，积极寻求属于自己的真爱，但是也许是时间不对，也许是没有机缘，又或者是距离导致分离。在等候真爱的这一个漫长光阴里，太多的人有太多的无奈与遗憾。

在我们的生活里，不是每一个人都能拥有一份幸运，在对爱情刚刚启蒙的时候就能拥有一份契合的真爱。太多的人在不懂爱情的时候开始了自己的真爱，可是因为不成熟，因为错过，因为误会，我们最终失去了真爱。可是还有更多的人在真爱还没有到来之前，因为耐不住长久的等待，随便凑合过了一生。因为我们都害怕，害怕关于真爱，只是一个永远不可能实现的童话。

真爱就是有一天那个人走进了你的生命，然后陪着你一起慢慢变老。到那一刻，你会明白，真爱总是值得等待的。真爱因为得之不易，因为经得起等待，所以才会让我们能更加体验到其中的甜蜜与幸福。

比坚持更难的是放手

有人说初恋是轻音乐，热恋是狂想曲，那么失恋呢？失恋可能是令人难忘也难眠的小夜曲。尽管谁都不愿意失恋，但失恋是难以避免的，也是我们无法刻意掌控的。失恋是痛苦的，但在这种痛苦面前，有的人能做出理智的选择，有的人则陷入了情感冲动的泥潭，严重地影响了自己的正常生活。

当爱情离我们远去的时候，我们要尽力挽留；当我们无法挽留的时候，最好的处理方式，就是忘掉，忘掉以前的愉快和不愉快。当我们学会了忘记，才会真正地解脱，才会学会宽容。

失恋并不意味着永远失去幸福，失去感情生活。感情满足的方式也不仅仅是爱情，亲情、友情，甚至是来自工作、学习的快乐也可以补偿因失恋造成的心理平衡。

"失去了她，我才遇见你"，这是一份无法企及的美丽。多一分坚强，失恋的人照样可以光鲜亮丽地生活，因为生命比我们预料的要顽强、要博大。

走好爱情的斑马线

爱情是维系社会人间的一股力量，既然人是由爱而生，就不能离开爱。爱有正当的，有不正当的。正当的爱就是绿灯，不当的爱就是红灯。

放弃一个爱你的人并不痛苦，放弃一个你爱的人才是痛苦，爱上一个不爱你的人更加痛苦。爱情必须是双向的才能开花结果，所以在对待爱情这条路时，必须要遵守红绿灯规则。

人生于爱，自然就不能离开爱情。而所谓的绿灯的爱，就合乎人伦道德，合乎社会公论的。正当的爱有合法的对象、合法的婚礼、合法的关系、合法的时空等。红灯的爱，是不合乎伦理道德、不合乎身份、不合乎规律的，是社会所不认同的。例如，没有获得对方同意，一厢情愿地追求，甚至以非法手段强迫对方顺从，乃至骗婚、抢婚、重婚等法律所不允许的行为。这种红灯的爱，前途必定充满危险。

真正的爱情，即便是在情感浓厚的时候，也不失去理智；只有在双方你情我愿的情况下结合，爱情才会长久。虽然爱情常会令人变得盲目，但理智还要存在于相爱之人的内心当中。如果爱得过分，乱了方寸，失了方向，最后不知道该怎样去爱对方，这样的爱通常都会滋生不尽的痛苦和烦恼。

爱的确是无比纯洁的，但是为了爱而做的付出，便要看看哪些是值得的，哪些是不值得的。因为爱而失去生命，死亡的人不会痛苦，死者的亲人却要饱尝悲痛。

人所共知，爱情之火活跃、激烈、灼热，但爱情也是一种朝三暮四、变化无常的感情，它狂热冲动，时高时低，忽冷忽热，把我们系于一发之上。爱情的不定性让人们常常失去理智。所以人们应当了解哪些是红灯的爱，哪些是绿灯的爱。

在爱情这条斑马线上，看清红绿灯，才能审慎前进，才能让自己在爱情的道路上走得更加顺畅，获得幸福的生活。

陪伴，是最长情的告白

有一种承诺可以抵达永远，这就是用爱和生命来兑现的承诺，能穿越千年时光而不朽，因此张小娴说："诺言是我答应过你的事，即使时间、环境所有客观因素改变，我依然会付诸实现。"不管命运如何，始终相依相守，不离不弃，这就是爱情。

"不论富裕或贫穷、健康或疾病、顺境或逆境，我都要爱她、照顾她、呵护她，直到永远！"这句朴实的承诺是相爱的人走进婚姻殿堂时对真爱的宣言，可是就这样一句看似简单实际需要你用一生的来践行的承诺有多少人能真正做到？麦肯金牧师就是这样用自己的行动捍卫了自己对爱的承诺，写下感人至深的《守住一生的承诺》，引起了无数人的共鸣。

是的，也许年少的我们都有着一颗梦想到处游走的心，无数次想背起包离开家，去到外面的世界看一看。也许我们会爬上过很高的山，穿越过无际的森林，看见过令人屏息的悬崖峡谷。也许我们会拥有无尽的财富，流传千古的美名，无限精彩的生活。可是当我们遇见爱情，遇见那个与你有着深刻牵绊的人出现在生活里，也许你也会像麦肯金牧师一样，心甘情愿地慢慢飘落下来，在那个人身边落地生根，与那个人一起长成两棵并肩的树。然后哪儿也不去了，就这么一起相守相爱，看着云朵和星辰在两人头顶的那小片天空日日变幻，无论贫富，不在乎健康或疾病，永远守护他一辈子到老。

因为真正的爱情能共同承受生活中的痛苦与磨难、幸福与快乐，一生一世。海誓山盟的爱令人铭心刻骨，平平淡淡的爱也地久天长。当时光风化了一切时，只有爱陪我们到地老天荒，只有爱我们的那个他（她）和我们一起慢慢变老。

爱就是一种承诺，一种付出，一种责任。一辈子承诺就代表你们要相爱一辈子。

爱就疯狂，不爱就坚强

　　亲情、友情和爱情是每一个人一生都要面对的三大课题，经历了亲情、友情和爱情之后的人生才算完整。除了亲情之外，人们尤其是年轻人，总是对爱情和友情之间的界限难以把握。青春期又是一个身体和心理双重发展的时期，如果对于友情和爱情处理不好，会影响到

　　今后的生活，甚至是一生的幸福。

　　或许，懂得爱情并不是一件难事：当爱情悄然而至的时候，你自然就会明白你在爱了。或许，真正懂得爱情，也不是一件容易的事：有好多人一生都没有明白什么叫爱；只是在爱情默然离开的时候，捶胸顿足，扼腕叹息。对于友谊和爱情，每个人都有自己的区分尺度。但是，不管怎样，有一点是可以肯定的，爱情总是较友谊更为炽烈、更为专一、更为投入。当你发现自己真爱上一个人，你的心里便不再容纳其他，而当他的爱逝去，你会觉得失去的是整个世界。

　　人总会依次经历亲情、友情和爱情，从而逐渐走向成熟和完整。而爱情正是从友情到亲情的过渡阶段。因为爱情，本来不相干的人，成为一路牵手的人生伴侣，有了血缘的交融、爱情的结晶，成为亲人。正因为如此，爱情才伟大，才需要我们每个人用心去经营，认真地对待。

　　爱是生命的源泉。人生当中有快乐，亦有苦恼，一个人承担

这些喜怒哀乐会感到无聊或沉重。爱人是最亲密的伴侣，他可以陪你笑，也可以陪你哭，快乐同分享，苦难共分担。因为有了爱情，人生才被装点得更加丰富多彩。

与其空谈誓言，不如珍视流年

我们身边，可能有些人谈恋爱时甜甜蜜蜜，而婚后却因为生活上的摩擦滋生许多矛盾，曾经山盟海誓的爱情被婚姻磨去了最后的光泽，两个人终于向生活妥协，以分手告终。

当你或沉醉于对婚姻的憧憬，或正经历着婚姻的苦痛，但不管怎么样，琐事是生活的折射，平淡是生活的倒影，这是生活的真谛。婚姻对很多不善经营的人来说确实是爱情的坟墓，但是只要我们能够明白，缺陷是婚姻的组成部分，并坦然地对待婚姻中的不圆满，用心过好你和另一半的每一天，你和爱人的感情就会在这种可贵的经营下日久弥深。

世界并不完美，人生中应当有些不足的地方。对于每个人来讲，不完美的生活是客观存在的，无须怨天尤人。不要再继续偏执了，给自己的心留一条退路，给生活一种平淡的眼神。看看身边的朋友，他们都没活在十全十美的生活中，却都是在柴米油盐中淡淡地幸福着。

想象中的爱情是一种理想，生活中的婚姻是一种现实，如果你用理想的眼光来衡量现实，那么必然要在现实中碰壁。同样，如果你像要求爱情一样来要求你的婚姻，等待你的必然是失败。爱情是一种燃烧的激情，而婚姻是一种平静的心绪，它离不开爱情，但它又不完全是爱情，它是爱情和理智的综合产物。

大多数人的生活都是平平淡淡的，很少人的一生能够轰轰烈烈。爱情也是如此，即使再绚烂多姿、可歌可泣的爱情故事也归于平淡的婚姻，既然如此，我们不如放下我们对完美婚姻的苛求，放下对伴侣的过高要求，在平淡中弹奏美妙的婚姻协奏曲。

苏小懒说过，爱是平淡的流年。年轻时，爱是热烈的，是非凡的，是炽热的，是浪潮涌动的海边。后来，当我们都不在年轻了之后。爱终于回归于平淡。真正的爱，是柴米油盐酱醋茶。

以自在的爱接纳所爱

马斯洛认为，在爱情中，人们应该做的事情就是顺其自然。而且，情感健康的人更容易达到忘我的境界。忘记自我可以使我们的大脑更加有效地进行思考、学习以及从事其他活动。

他说，没有选择性的认知，意味着按其本来面目接受一种体验或者一个人，而不是试图对其进行控制或加以改变。支配、干涉、"要求"甚至改变对方的方式是违背了交往的原则的，并不利于彼此之间的进一步交流亲昵。

马斯洛说，世界广大，视若空荡，时光流逝，置若罔闻。正如人在音乐中完全忘记了自我，这种忘我之爱才真的让人弥足珍惜。

对于爱情，很多人一直执着于自己内心的一个标准：爱情是一种浪漫的体验。这种体验使任何事物在恋爱者的眼中，都是一种美好。爱情中不能没有浪漫，没有浪漫，也就没有了爱情，然而，爱情的浪漫毕竟只是一种主观的、很缥缈的东西，总是依赖于一种现存的事情上，没有现实做基础的爱情是不牢固的，总有一天泡沫破了，梦也就醒了。

爱，是柔和的、温暖的，而如果我们在爱中抱有某些目的，例如，力图使对方有所改变，或是与别处或者以前认识的其他人相比较，我们就难以完全融入爱的体验中，且会损伤我们的爱的体验。那样，爱，也就显得并不美好和令人幸福了。

人们总是发现，走了一圈，又回到了原点，不免懊悔浪费了大好人生。所以，要设身处地地感受，顺其自然地爱，而不是因爱毁了自己的世界。

真正的浪漫不是浅薄的、程式化的甜言蜜语，也不是死去活来的心灵激荡；它更应该是一种现实的温馨与美好，是一种全心全意为对方着想的相互关爱——这才是爱情的真谛！真正的爱情只有蜕变成亲情才能永存，浪漫只能是一时的风花雪月，再美丽的爱情到最后也要踏踏实实过日子。生命苦短，几十载光阴，如梦般飘逝无痕，如果能和自己心爱的人，在余晖下相依携手看天边的浮云，看飘零的枫叶，这何尝不是人世间最大的幸福呢？就像那对背着爱人上天桥的恋人一样，真正的浪漫并非全是烛光晚餐加玫瑰香槟。浪漫有时只是一种质朴至纯的表达，并不需要过多的物质条件。浪漫不是华丽语言的伪饰，它需要我们用行动来表达。浪漫，从来都是一种相濡以沫的支持，或是风雨中一起面对的豪情。浪漫，本色至纯！

我们给了对方多少自由，又给了对方多少爱呢？我们常常渴望爱情，但拥有爱情却往往不去珍惜，或是苛刻占有，长此以往，脆弱的爱情往往不堪考验而劳燕分飞。那时，彼此要怎么办？很多人会选择懊悔，甚至乞求对方不要离开或是怨恨对方。

其实，我们寻求爱，努力爱为的是什么呢？不过是爱的美好与幸福罢了。如果爱已经变成了约束的牢笼，那么这种爱还是真正的爱吗？以自在的爱去爱，彼此才能真正享受美好。

生活没有了友情，将一片冷清

每个人都有很多朋友，也一定有属于他自己的友情。但是，通常只有当你遇到困难时，你才能知道什么是真正的友情。患难见真情，只有真正的朋友会在你身处困境时帮助你。

真正的友情是互相帮助，互相关心。所谓真心付出，换来的是一种欣喜的收获，一份付出，换来一份真诚的回报。它没有华丽的言语，也不会厚重到让你无法喘息，就像是久未放晴的冬日里的一缕暖阳，给你带来丝丝温暖。

如果生活没有了友情，将是一片冷清，没有色彩，也没有欢笑，只有友情的存在，才有说不完的话，笑不完的事。让我们共同诉说友情的真谛，呵护真正的友情，让生活变得更加美好。

第七章

断舍离，活得简单一点儿才高级

给生活做减法，别累坏了你的心

浮世中许多人为追求舒适的物质享受、社会地位、显赫的名声等，把自己变得庸碌而烦乱，其中的内涵说穿了，也就是对物质享受的追求和对社会地位的尊崇。用心于此，人就会像被鞭子抽打的陀螺，忙碌起来——或拼命打工，或投机钻营，应酬、奔波、操心……人们就会发现自己很难再有轻松地躺在家中床上读书的时间，也很难再有与三五朋友坐在一起"侃大山"的闲暇，甚至会忙得忽略了自己孩子的生日，忙得没有时间陪父母叙叙家常……这些让我们失去了简单的快乐，在复杂的社会中失去了自我。

"简单生活"并不是要我们放弃追求，放弃劳作，而是说要抓住生活、工作中的本质及重心，以四两拨千斤的方式，去掉世俗浮华的琐务。卡尔逊说："简单生活不是自甘贫贱。你可以开一部昂贵的车子，但仍然可以使生活简化。一个基本的概念在于你想要改进你的生活品质。关键是诚实地面对自己，想想生命中对自己真正重要的是什么。"

简单生活是简单主义者的生活选择，无论是田园隐居，还是返璞归真，抑或自愿选择清贫如洗。值得提醒的是："自愿"简单只是途径而不是目的。首先是外部生活环境的简单化。当我们不需要为外在的生活花费更多的时间和精力的时候，也就为内在的生活提供了更大的空间与平静；之后是内在生活的调整和简单化，这时的我们可以更加深层地认识自我的本质。

我们现在所追求的简单，指的是有快乐意义的生活，真诚、和谐、悠闲且幸福。一个清洁工和一个公司总裁同样可以选择过简单生活；一个隐居者和一个百万富翁同样可以简化生活，充分享受人生的乐趣；一个8岁的孩子和一位耄耋老人如果认同简单的做法，他们也同样可以更充分地吸取生活的营养，然后快乐终生。

学会给自己减负，摒弃复杂，过简单的生活，也能诠释幸福。

独处，是一门生活的艺术

哲学家尼采说：孤独是美的，因为它纯净生活。雕塑家罗丹的说法有一点点不同，他说：艺术是孤独的产物，因为孤独比快乐更丰富人的情感。而我，更喜欢鲁迅说的那句话：当我沉默着的时候，我觉得很充实；我开口说话，就感到了空虚。

三位大师的睿语，源自他们对生命的理解，也写照了他们孤独、曲折的人生，可谓精辟之言。而我暗自思忖的是：孤独，这种人类最常有、最本质的情感，是否真的有益于完善人的内心？是否真正为智慧者所拥有？

我只知道孤独的深处往往迭现着世事的美好：高山的峰巅是孤独的；大海的深处是孤独的；高远的蓝天是孤独的；草原上唱歌的牧羊人是孤独的；排着"人"形的雁阵迁徙时的翔姿是孤独的……但，那恰恰牵引着我们美好的向往。

屈原在孤独中悲悯浮生，所以他的诗歌有大的胸怀和高远的境界；贝多芬在孤独中吞咽不幸，他的音乐有穿透人心的力量；拿破仑在孤独中笑傲命运，他的生命之旗一直在"滑铁卢战役"之前猎猎作响！孤独是一种经过内心演绎、裂变、积淀后的情愫，把生命栏杆拍遍了的人，才会拥有这份深刻的情感。智者的孤独与少年强作悲愁的孤独远远不同，因为理智的孤独者已不会自囚在孤独里。孤独是智者向红尘俗世亮出的一张免战牌，又是遁入真我世界的一张通行证。因此，拥有孤独的人最能触摸到自己的内心。

如果不是欺人与瞒世，我们说快乐并不是人类最永恒和终极的情感。因为生活的琐碎和世事的无常都在逼仄着快乐的空间，也让快乐的体验变得肤浅和脆弱。为了证明我们的快乐，我们不得不戴上心理的面具去圆滑。我们忘记了一次雨打风吹的侵蚀，就足以摧垮了自诩为快乐的那个人。而孤独者却不相同，他们从苦难里提炼人生，把奢望轻轻放下，把最坏的视为平常，把求人转为自助，这时的孤独者也是命运的自塑者。只要生命中注入一点点的收获，孤独者便得到了人生的真收获，体验了人生的真欢喜。这时，我们发现孤独延伸了快乐的外延。只是，孤独者已习惯将快乐轻轻羽化，他们的脸上不曾有常人的欢颜。我们听到孤独的智慧者在说：真的快乐不是披在自身供人观赏的华服，而是自己给自己的内心挂上的一串珍珠。

世人成大器者，必经历人生跌宕沉浮，而跌宕沉浮的深处，必以孤独为基调。犹如为严冬命名的，不是那显眼的一大片一大片的雪花，却是挂在屋檐上的一串串沉默的冰凌。

日本作家川端康成说："我独自一个人时，我是快乐的，因为我可以孤独着；与人相处时，我发现我是孤独的，只因为我已经变得快乐。"可见我们常常因为刻意让别人快乐，而扭曲了我们自己需要的孤独。

"给我快乐，毋宁给我孤独。"我们最终听见孤独的海明威如是说。其时，海明威的胸怀像他笔下《老人与海》里的那片大海一样宽广。

孤独是智者最终投靠的情感归宿。因为孤独的人生并不代表人生的孤独——而恰是孤独把生存者的快乐放大，而且为孤独者一人独享——好一个孤独的智慧者。

波澜万丈的生活激荡人心，令人心驰神往，但在人生的河流中，更多的则是平静，你总要学会一个人慢慢地享受人生，总会有那么一个时刻，你是孤独无助的。但不要害怕，因为这本身就是人生给你的最高馈赠，正如罗曼·罗兰所说："世上只有一个真理，便是忠实人生，并且爱它。"那么，当孤独来临时，去体味它、享受它，在欣赏完夏花的绚烂之后，不妨静下心来，品读秋叶的静美。

在我们的生活里，很多人在面对孤独的时候，总是什么也不做，他们就像故事中的孤独者一样，给自己找出很多的借口和理由来麻醉自己。殊不知，生活中实在有太多的事情需要我们去处理，如果只是在孤独中束手无策，消极地空耗时间，那么这样的人生真的不如早早了结算了。

孤独是朵静静开放的莲花，人只有静默独处才容易发现和感受具有终极价值的事物，因此与其一味哀叹，不如勇敢面对寂寞体会淡泊，克服寂寞带来的心灵困扰。

孤独的人努力奋斗，不断地去探索，对真理永无止境地追求。这是一种永恒的孤独，无奈之余，孤独者诠释了生命的意义。孤独者的路是自己走的，他不随波逐流，在孤独中自得其乐。享受孤独的人，欣赏自己，享受自己的所作所为。孤独中，他获得了自己给自己的最大的回报。孤独者拥有一颗淡然的心，

在自己的世界里创造属于自己的成就。他能漠视周围人的诧异的
眼光，走自己的路。

咸也好，淡也好，不辜负便好

世上人，无论学佛的还是不学佛的，都深知"放下"的重要
性。可是真能做到的，能有几人？如弘一法师这般放下令人艳羡
的社会地位与大好前途、离别妻子骨肉的，可谓少之又少。

"放下"二字，诸多禅味。我们生活在世界上，被诸多事情
拖累，事业、爱情、金钱、子女、财产、学业……这些东西看起
来都那么重要，一个也不可放下。要知道，什么都想得到的人，
最终可能会为物所累，导致一无所有。只有懂得放弃的人，才能
达到人生至高的境界。

孟子说，"鱼，我所欲也；熊掌，亦我所欲也，二者不可得
兼，舍鱼而取熊掌也。"当我们面临选择时，不得不学会放弃。
弘一法师为了更高的人生追求，毅然决然地放下了一切。

痛苦、孤独、寂寞、灾难、眼泪，它们能在一定条件下使生
命得到升华。但是如果不把它们放下，就会成为人生的包袱。

我们总是让生命承载太多的负荷，这个舍不得丢掉，那个舍
不得丢掉，最终被压弯腰的是我们自己。简化生活，需要我们放
下太多的虚荣，放下太多的功利，放下金钱的压力，为我们自己
的肩膀减减负。到最后，我们会发现生命原来可以不必太沉重，

我们的生命之舟才能得以轻扬。

不是生活给我们太少，是我们想要的太多

我们常听到的"色不异空"，意思就是当我们没有声色、利益的贪恋，也没有五欲、尘劳的贪恋，就出离了凡夫的境界。"色"是一切有形有相的有质碍的实体，一切物质形态，空与之相对，是无形无相的虚空，放眼世界，我们所看到的天空、大地、河流、屋舍、人畜等所有一切的实体都是"色"。而"空"则是一种不落任何思想观念、不落任何思维架构、理论的、窠臼的状态。色与空是一种相互依存的关系，"色"存在于"空"里，空也存在于色里，所以佛家才会说色不异空，空不异色，因为色与空原本就是一体的。

但是，我们扪心自问，有多少人能够真正地放下尘世这种种色呢？其实不是生活给我们的太少，而是我们想要的太多，又总在抱怨得到的太少，内心藏着的名利欲望如此宏大，如果不将这些凡夫境界里的种种声色全部放下，进入那无形无相的虚空之中，那么只有大海才能容得下我们的宏大欲望。

当我们在生活中忙忙碌碌的时候，是否应该回头看一看现代人的生活？当我们被包围在混乱的杂事、杂务，尤其是杂念之中时，是不是应该停下来思考一下，我们为什么忙碌又在为谁忙碌？当我们在尘世中摸爬滚打一番后，一颗颗跳动的心被挤压成

了无气无力的皮球，在坚硬的现实中疲软地滚动着，我们是不是该安静下来，看看自身，是不是丢失了什么重要的东西。也许是因为在竞争的压力下我们丧失了内心的安全感，于是就产生了担心无事可做的恐惧，所以才会急着找事做来填满自己的内心、安慰自己、麻痹自己。久而久之，在这样的不知不觉中，我们已经陷入了一种恶性循环，离真正的快乐、幸福甚至真正的生活越来越远。

我们真的太累了。在追逐生活的过程中，我们是不是可以尝试着放弃一些复杂的东西，让一切都恢复简单。其实生活本身并不复杂，复杂的只有我们的内心。所以，要想恢复简单的生活，必须从心开始。

人类对"幸福"的需求是永无止境的。就我们所知的，几乎所有人都在没完没了地追求来自外部世界的幸福——大房子、新汽车、时髦的服装、可靠的朋友、完美的爱情、蒸蒸日上的事业，尽管不是每个人都可以拥有上述的全部，还是可以在某些方面得到一些快乐和满足，并在这种满足中继续去追求别的满足。可是，你有没有想过，这些东西最终带给我们的只有患得患失的压力和令人疲惫不堪的混乱，为什么一定要去追求它们呢？生命不过是一袭华美的袍，穿着它仿佛就被套进了一个牢笼，美丽却并不舒适与惬意。有时候，我们完全可以放过自己，让自己从这些紧张盲目的奔波中解脱出来，正如明代的文学家侯方域在给友人的信中曾说道："人能自立，非有所建树，即有所捐舍。"正是秉着这种"有所捐舍"的理想，所以他能够抛去大好前程，年纪轻轻就出家为僧。

让我们脱下那个束缚自己的华丽外衣，试着过一种一无所有的日子，走到外面，我们会看到天空是蓝的，草地是绿的，阳光是那样好的，为何不坐下来好好享受薄且清澈的阳光，像前面故事中乘凉的人一样，享受淡泊清凉的人生呢？

有太多行李，就不要开始一段旅程

我们生活在这个世界上，总是被诸多事情拖累，事业、爱情、学业、金钱、子女、房产……这些东西都有着十分重要的意义，一个都不能放下，于是，我们就会让它们满满地塞进我们并不广阔的生命里。要知道，什么都想得到的人，最终可能会为物所累。只有懂得适时舍弃的人，才能达到生命至纯至美的境界。

在我们看来，这位诗人在物质上极其贫乏，但是他活得比很多人更有意义、创造了更多的价值。就是因为他的人生没有太多不必要的干扰，也没有太多欲望的压迫，是简单而又纯粹的一生。

当然，我们在这里说要倒空自己、把人生纯粹化，并不是要求每个人都必须像那位行吟诗人一样，居无定所，漂泊流离。而是让我们把对物质的追求放低一点儿，把世态人情看得简单一点儿，把做人做事想得直接一点儿。就是因为我们的复杂和隐讳，常常令人与人之间出现矛盾与不解，许多事情因此变得麻烦，许多争端因此不能得以拆解。

生命之舟需要轻载。当你觉得生活中不堪重负时不妨学会"卸载"，将自己的烦恼和包袱一笔勾销，让自己的心态"归零"。一个会主动倒空自己，让自己"归零"的人，做任何事情都能够心无旁骛，让每件事情都清楚明晰，让身边的每个人都没有负担。所以，每天给自己一点儿时间，让自己的心平静下来，让压力归零，享受一丝宁静。而这一刻的宁静，会让我们的思考更深入，对事情有更全面的看法，还能够帮助我们开拓更广阔的人生。

慢慢来，别怕来不及

身与心的和谐是一个人健康的基础，而情绪活动又是心理因素中对健康影响较大、作用较强的一部分。长期快节奏导致的疲劳看似细小轻微，但若不注意，轻则降低工作效率、生活质量，重则导致多种身心疾病。

长期从事快节奏的工作，人还会出现神经衰弱的各种症状，例如烦躁不安、精神倦怠、失眠多梦等神经症状，以及心悸、胸闷、筋骨酸痛、四肢乏力、腰酸腿痛和性功能障碍等其他症状，甚至可能引发高血压、冠心病、癌症等疾病。可以说快节奏工作的人永远在寻找"奶酪"，但永远无法跷起二郎腿享受"奶酪"。

其实，压力最大的是那些中级的管理阶层，在单位是中坚，在家里是支柱，既要投身于市场竞争，又要解决家庭琐事，他们没有雄厚的经济实力，也没有甘于平凡的平常心。他们不甘落后白手起家，担负着家人的厚望，拿着不菲但总送到商家口袋的工资，忙于拼命，身不由己，精神压力之大可想而知。但他们没有及时排解，导致身心负担加重，免疫系统受损，抵抗力低下，最终导致各种疾病。

快节奏的工作和生活只会令我们的身体变得越来越糟，因此，我们要学会放慢节奏，缓解压力，让自己的身心得以调节到最佳的状态。

小事不计较，才能发现美好

我们总是很难发现自己拥有了多少的快乐，因为我们总是觉得生活中的快乐那么少，其实是我们计较的那么多。只要我们用心去体验，就会发现我们拥有了大把的幸福和快乐，他们就隐藏在你普通的生活中。

如果你能够有一双发现的眼睛，减少对生活中各种事物的苛求，很容易就能够发现快乐。快乐不是你拥有了多少的财富，拥有了多少的房产，拥有了多少被人艳羡的珠宝，而是你能够在平常的事物中得到感触，这种感触是你生命的一部分，它们点亮了你的生活。

幸福很简单，人在困境中，才会发现自己的想法，才知道自己以前的苛求是那么多，才发现自己的人生是那么肤浅。以往人生那些对利益的追逐，在困境中都比不过对于生命的追求，对于亲情的渴望。这些是多么简单的事情，却总是被人们所忽略，一味地追求，让人们蒙蔽了双眼。

其实，快乐就简单地存在于你的生活中，只要你少去计较自己的收入的高低，少去计较自己的容貌是不是美好，少去计较你的生活环境是不是安全，少去计较你的伙食的好坏。学着用一颗发现美的眼睛去看待生活，你会发现，除了我们所看到生活中的极不和谐的一小部分，大部分的生活都充满了快乐。那么，你又何必抓住那小小的一点儿不和谐而让自己变得不快乐呢？为什么不让自己开始学着少去计较，多发现美，让自己和生活成为很好的朋友而不是敌人呢？

人的一生太过短暂，既然实现理想的时间都很紧张，又怎么有时间浪费在斤斤计较上呢？敞开心扉的人生，会发现更多的快乐，拥有更多的幸福。

烦恼都是自己寻来的

古有"画地为牢"，以示惩戒，然而今人每每画地为牢，囚禁的不是别人，而是自己。人们总是喜欢将自己的内心死死地囚禁，为金钱、为权势、为爱情，不断地用欲求的枷锁捆绑着自己，在不知不觉间，将自己快乐的权利尽数消磨。佛曰：放下！放下才能快乐和自在，但这又谈何容易。名缰利锁时刻缠绕着我们的身心，使我们陷入世俗红尘的泥淖中不能自拔。

细想想，我们的人生，不也常被某些无形的绳子牵住了吗？像老牛一样围着树干团团转，总解脱不了。"放下"这是非常不容易做到的，世上的人有了功名，就对功名放不下；有了金钱，就对金钱放不下；有了爱情，就对爱情放不下；有了事业，就对事业放不下，因而只能活在痛苦之中。

有时候，扰乱我们心神的，往往并不是现实中的东西，而是藏于心中的"罗刹"。名利、欲望、奢求就如同"罗刹"一般，始终诱引着人去想它。为了钱，为了权，为了欲，为了名，我们日日夜夜、东西南北团团转。明知道它是可怕的，却又忍不住去注意它。当你惹它注意时，你已经无法摆脱它了。

其实，人生中不如意事十之八九，得失随缘吧，不要过分强求什么，不要一味地去苛求些什么。世间万事转头空，名利到头一场梦，想通了，想透了，人也就透明了，心也就豁然了。

看轻得失，损失没你想的那么大

关于得失，星云大师曾说："世事无常，诸相皆空。如果我们有颗平常心，世间的一切，有也好，无也好，都看作镜花水月。有，固然可以生活无忧；无，也可以心灵自在，深入体会无垠、无边、无量。"

我国唐代大诗人杜甫也曾说："文章天下事，得失寸心知。"这句话的意思是说，文章是天下的大事，成败得失只有自己知道。对我们的人生来说，成败得失与烦恼快乐随时都会伴随着我们。不论人生得意的时候，还是人生失意的时候，我们都应当以乐观的心态来对待，这样我们才会在得意之时保持淡然的心态，在失意之时保持坦然的心态，只有一直以一颗平常心来对待生活，我们的人生才活出境界。

人生是对立统一体。哲人说人生如车，其载重量有限，超负荷运行促使人生走向其反面。我们的生命也是如此，虽然人们的欲望无限，但我们只要学会辨证看待人生，看待得失，用减法减去人生过重的负担，学会放下，那样我们就会获得轻松和惬意。否则，过于看重得失，内心的负担太重，那么，人生就将不堪重负，苦不堪言。

是得是失，关键是看人们如何把握自己的内心、把握自己的人生。如果能够淡看得失，不要过于挂心，那么，我们就会发现，人生会更有意义，我们的品格也会更有厚度，快乐也会更加丰满。

原谅生活，是为了更好地生活

我们在茫茫人世间，难免会与别人产生误会、摩擦。如果不注意，在我们轻动仇恨之时，仇恨袋便会悄悄成长，最终会导致堵塞了通往成功之路。所以我们一定要记着在自己的仇恨袋里装满宽容，那样我们就会少一分烦恼，多一分机遇。宽容别人也就是宽容自己。

学会宽容，对于化解矛盾、赢得友谊，保持家庭和睦、婚姻美满，乃至事业的成功都是必要的。因此，在日常生活中，无论对子女、对配偶、对同事、对顾客等都要有一颗宽容的爱心。

哲人说，宽容和忍让的痛苦能换来甜蜜的结果。这话千真万确。古时候有个叫陈嚣的人，与一个叫纪伯的人做邻居。有一天夜里，纪伯偷偷地把陈嚣家的篱笆拔起来，往后挪了挪。这事被陈嚣发现后，心想，你不就是想扩大点儿地盘吗，我满足你。他等纪伯走后，又把篱笆往后挪了一丈。天亮后，纪伯发现自家的地又宽出了许多，知道是陈嚣在让他，他心中很惭愧，主动找到陈家，把多侵占的地统统还给了陈家。

忍让和宽容说起来简单，可做起来并不容易。因为任何忍让和宽容都是要付出代价的，甚至是痛苦的代价。人的一生谁都会碰到个人的利益受到他人有意或无意的侵害的事情。为了培养和锻炼良好的素质，你要勇于接受忍让和宽容的考验，即使感情无法控制时，也要管住自己的大脑，忍一忍，就能抵御急躁和鲁莽，控制冲动的行为。如果能像陈嚣那样再寻找出一条平衡自己心理的理由，说服自己，那就能把忍让的痛苦化解，产生出宽容和大度来。

生活中有许多事当忍则忍，能让则让。忍让和宽容不是怯懦胆小，而是关怀体谅。忍让和宽容是给予，是奉献，是人生的一种智慧，是建立人与人之间良好关系的法宝。一个人经历一次忍让，会获得一次人生的靓丽，经历一次宽容，会打开一道爱的大门。

宽容是一种艺术，宽容别人不是懦弱，更不是无奈的举措。在短暂的生命中学会宽容别人，能使生活中平添许多快乐，使人生更有意义。当我们在憎恨别人时，心里总是愤愤不平，希望别人遭到不幸、惩罚，却又往往不能如愿，一种失望、莫名烦躁之后，使我们失去了往日那轻松的心境和欢快的情绪，从而心理失衡；另一方面，在憎恨别人时，由于疏远别人，只看到别人的短处，言语上贬低别人，行动上敌视别人，结果使人际关系越来越僵，以致树敌为仇。我们"恨死了别人"。这种嫉恨的心理对我们的不良情绪起了不可低估的作用。

而且，今天记恨这个，明天记恨那个，结果朋友越来越少，对立面越来越多，这会严重影响人际关系和社会交往，成为"孤家寡人"。这样一来，不仅负面生活事件越来越多，而且自身的承受能力也越来越差，社会支持则不断减少，以致情绪一落千丈，一蹶不振。

可见，憎恨别人，就如同在自己的心灵深处种下了一粒苦种，不断伤害着自己的身心健康，而不是如己所愿地伤害被我们所憎恨的人。所以，在遭到别人伤害、心里憎恨别人时，不妨做一次换位思考，假如你自己处于这种情况，会如何应付？当你熟悉的人伤害了你时，想想他往日在学习或生活中对你的帮助和关怀，以及他对你的一切好处，这样，心中的火气、怨气就会大减，就能以包容的态度谅解别人的过错或消除相互之间的误会，化解矛盾，和好如初。这样，包容的是别人，受益的却是自己。自己就能始终在良好的人际关系中心情舒畅地学习与工作。

无论你一生中碰到如何不顺利的事情，遭遇到如何凄凉的境界，你仍然可以在你的举止之间显示出你的包容、仁爱，你的一生将受用无穷。

其实，学着去宽容地对待别人和自己并没有我们想象中的那么难，在我们生活中的一些细节之处能做到以下几点就很不错了：

一、得理且饶人

不要抓住他人的错误或缺点不放，得饶人处且饶人，这样不仅会减少矛盾，也会提升自己的善良品质，进而会形成一种良好的社会风气。这种与人为善、悲悯众生的品德，正是人类生存所需要的美德。有缺陷，有急难，甚至有罪的芸芸众生，谁没有一处两处需要别人帮助呢？从根本上说，谁又有资格去审判和惩罚他人呢？谁没有偶尔疏忽或急中出错，需要别人宽恕的时候呢？

如果我们拘泥于这种低层次的偏执，则不仅会使他人尴尬难堪，悲从中生，也会让自己无端生仇。而且在人的这种相互计较中，社会阴暗面上升了。从某种意义上来说，向善大于任何对错是非和人间法律。记住这些话，不为难人，得饶人处且饶人。不仅对一般人，也包括那些与我们结有仇怨，甚至是怀有深仇大恨的人。做人要给他人善缘，对他人宽容。

二、爱我们的敌人

"爱我们的敌人"是一个颠扑不破的真理。在这个世界上，充满包容的心灵里是不会有任何敌人的。爱我们的敌人，这一处世之道包含了真知灼见，因为如果憎恨我们的敌人，只会使正在燃烧的怒火火上浇油，而宽容则能熄灭我们的仇恨之火。

在我们身上有这样一种规则：用善意来回应善意，用凶残来回应凶残。即使是动物也会对我们的各种思想做出相应的反应。一个驯兽员通过亲切友好的善意，用一根细绳便能指挥一头野兽，但如果靠暴力，也许十个人都不能将这只野兽动一下。一个佛教徒说："如果一个人对我不怀好意，我将慷慨地施予我的包容、仁爱之意。他的邪恶意图越强，我的善良之意也就越多。"

三、善于自制

我们要宽容一个侵犯我们尊严、利益的人，这宽容中本来就包含着自制的内容。一个不能控制自己的人，往往情绪激动、指手画脚，就会把本来可以办成的事办砸了。这是成大事者的大戒。因此，为人处世要以身作则。只有自己做好了，才能让别人信服，同样，只有有自制力的人，才能很好地宽容他人。

四、求同存异

人与人之间的冲突，很多是因为个性上的差异。其实，只要我们用宽容的心态求同存异，人际关系肯定会有很大改观的。和人相处，如果总是强调差异，就不会相处融洽。强调差异会使人与人之间的距离越来越远，甚至最终走向冲突。要减少差异，就要设身处地为别人着想，以达成共识。为别人着想，就会产生同化，彼此间的关系就会更加融洽。如果把注意力放在别人和自己的共同点上，与人相处就会容易一些。同化就是找共同点。

用宽容之心把自己融进对方的世界，这个时候，无须恳求、命令，两人自然就会合作做某件事情。没有人愿意和那些跟自己作对的人合作。在人与人交往的过程中，每一个人都会有意无意地在想："这人是不是和我站在同一立场上？"人与人之间的关系，要么非常熟悉，要么非常冷漠，要么立场相同，要么南辕北辙。不管人和人有多么不同，在这一点上，你和你眼中的对手倒是一致的。唯有先站在同一立场上，两人才有合作的可能。就算是对手，只要你找出和他的共同利益关系，你们就可以走到一起来。

第八章

人生没有白走的路，每一步都算数

曾经的所有遗憾，其实都是成全

世间有太多美好的东西，它们就像具有魔力一般，总是散发着让人难以抗拒的诱惑，全部得到是不现实的，所以，学会放弃未尝不是一件好事。舍得，以"舍"为"得"，播种是舍，收成是得，不舍怎么能得呢？其实，人应该学会放弃，当你回过头看时，生活之中的遗憾，也未必不是另一种成全。

"人生就是一个选择的过程。人生的盒子里永远有很多糖果，打开一颗和全部打开的结果肯定是不一样的。"人生路上的取与舍是一门不简单的艺术，面对取舍，我们要沉下心来，明白一点：放弃就是获得，什么也不愿放弃的人，反而会失去最珍贵的东西。

哲人说，不为贫困潦倒而苦恼，也不因为富贵荣华而欣喜。面对灯红酒绿、锦衣玉食的诱惑，很多时候，人们总是太容易左顾右盼而丢了自己，被贪婪侵蚀了心，不知满足，不懂舍弃，最后竹篮打水一场空。

当你失去了繁华的灯红酒绿，就意味着获得了无染的蓝天白云；当你得到了名人的声誉和巨额财富，就意味着失去了做普通人的自由权利。在人生的漫漫长路中，要舍弃不恰当的自我定位，要忘却不属于自己的东西。准确的自我定位会让你的生活风轻云淡、舒适清爽，自己心之所向才是最重要的。

"既自以心为形役，奚惆怅而独悲。"这是陶渊明《归去来兮辞》中的句子，意思是，既然自愿心志被形体所役使，又为什么惆怅而独自伤悲？这是陶渊明为官时期不得不为生计之故而委身世俗，然而内心又不甘深陷世俗总想回到心向往之的田园生活的呐喊。

一次，有人告诉他，上级派人检查工作，应当"束带见之"。就如同今天的人要穿正装，扎上领带，等待领导接见。陶渊明实在不能忍受为五斗米向乡里小儿折腰，于是，留下印，自己回家了。陶渊明乐归故里，宛如获得了新生。

陶渊明是一个能够不被富足的生活蛊惑，又能在贫贱中保持着做人的尊严和内心的快乐的人。面对自己的仕途，他毫不犹豫地选择了放弃，换来的是悠然自得的乡间生活。人的一生就是如此，舍与得无处不在，无时不有，得中有舍，舍中有得，在舍得之间，精彩你的人生。

当你紧握双手，里面什么也没有；当你打开双手，世界就在你手中。人世间就是这么奇妙，得之淡然，失之坦然，拥有海阔天空的人生境界，才是真正的智者。

凡是打不倒我们的，必会让我们更强壮

只有历经折磨的人，才能够更快、更好地成长。生活，永远只能在折磨中得到升华。换句话说，只要事情打不倒我们，必会让我们更强壮。

在我们的一生中，每个人都会遇到挫折，比方说有的人会遭遇下岗、有的人会遭遇失业、有的人会遭遇失恋、还有的人遭遇破产、疾病等厄运，即使一个人比较幸运，没有遭遇以上那些厄运，那他也可能会面临升学压力、工作压力、生活压力等各种烦心事，这些事在人生的某一时期萦绕在我们的周围，时时刻刻折磨着我们的心灵，使人寝食难安。甚至很多人在困难面前妥协不前，事实上，只要我们行动起来，我们完全可以克服生命中的障碍。而当一个人克服了生命中的障碍之后，那么，他的生命就得到了升华，他也会变得更加强壮。

老子在《道德经》中说："天地不仁，以万物为刍狗。"人生在天地之间，就要面临各种各样的压力，这些压力对人形成一种无形的折磨，使很多人觉得人生在世就是一种苦难。

其实，我们远不必这么悲观，生活中有各种各样的折磨人

的事，但是生命不一直在延续吗？我们不也一直在前进吗？很多事情当我们回过头来再去看的时候，就会发现，生命历经折磨以后，反而更加欣欣向荣。

事实就是这样，没有经过风雨折磨的禾苗永远不能结出饱满的果实，没有经过折磨的雄鹰永远不能高飞，没有经过折磨的士兵永远不会当上元帅，没有被老板、上司折磨过的员工也永远不能提高业务能力……

这就是自然界告诉我们的一个很简单的道理，一切事物如果想要变得更强，必须经过折磨，当没有什么折磨能够打得到我们时，我们才会成为真正的强者。

不破不立：你失去的，必将很快找回

镜子碎了，还有机会复原吗？牛奶洒了，还有机会重新拾起吗？很多人也许就此悲观失落下去，一蹶不振，破碎的镜子也成了一堆废品，再无利用的价值。其实，镜子碎了，也隐藏着机会，关键在于你能不能利用好这个机会，化腐朽为神奇。也就是说，危机有时就是奇迹的开端，因此，遇到危机时，不要太慌乱，也不能气馁。

心永远向往着未来，现在却常是忧郁。一切都是瞬息，一切都将会过去，而那过去了的，就会成为亲切的怀念。

人生在世，谁能不经历挫折，谁没有陷入逆境，谁没有错失机会，我们不能保证一生都走平坦大道，但我们有把曲折小道走成平坦大路的勇气。

镜子碎了，无法如愿用大镜子建成镜子大厅，原定通往目标的坦途出现了坎坷，但我们不能总是抱着一堆镜子碎片哭泣，而不寻求解决的方法，正如我们身处逆境之时，要思考的是怎么扭转这种不利的时势格局，而不是在痛苦悲伤中耗尽自己的能量。

那我们该如何在逆境中学会扭转这种不利的格局呢？我们要学会审时度势，并且因势利导，在把握了时势环境后蓄势待发，逆境而动，最终扭转时势。人生之路，总是在人与环境的相生相斥的过程中不断前进，相生则为顺境，相斥则为逆境。真正的强者，是居安思危，在顺境中发现阴影，是在逆境中发现光亮。不因幸运而故步自封，不因厄运而一蹶不振。

须知道，逆境是绝对的，顺境是相对的。别跟自己过不去，在逆境中微笑一下。中国的哲人常说"不破不立"，打碎的镜子中也会藏着让你意想不到的机会，而你在人生中失落的那些，也将会从另一处所在，以另一种方式全部找回。

苦难告诉你，你的力量有多大

任何一个人的一生都不会一帆风顺，遇到逆境犹如家常便饭。逆境对懦夫来说是一道难以逾越的高墙，在它面前望而却步；而对勇士来说却犹如动力之源，在它面前变得更强。逆境是一种人生的考验，身陷逆境而不泄气，不放弃自己，不就此沦落，奋起直追，敢于同命运抗争，便能走向成功。

处在绝望境地的拼搏，最能激发人身体内的潜在力量；没有这种拼搏，便永远不会发现真正的力量和强项。如果一个人总是处在安逸舒适的生活中，便不需要自己的多少努力，不需自己的奋斗，那我们只会让自己变得越来越懒，越来越没用。如果没有那障碍与缺陷的刺激，人们也许只会发掘出自己10%的才能，但一遇到针刺锥股般的刺激，他们便会把其他90%的才能也激发出来了，这就是生命不朽意义的所在。

有句话说得好，痛苦之于人，犹狂风之于陋屋，巨浪之于孤舟，水舌之于心脏。百世沧桑，不知有多少心胸狭窄之人因受挫折放大痛苦而一蹶不振；人世于年，更不知有多少人因受挫折放大痛苦而步入万古深渊。但是，艰难的处境、失意的境遇和贫穷的状况，在历史上曾经造就了许多伟人。文王拘而演《周易》，左丘虽失明而著《国语》，仲尼在困苦中写《春秋》，屈原放逐乃赋《离骚》，孙膑惨遭膑刑而造奇书《孙子兵法》，吕不韦遭猜忌返乡而制《吕氏春秋》永传后人……人的意志力是无穷的，只要自己信心不倒，充满活下去的勇气，无论多强的大风大浪，我们又何足惧之？

不要害怕你面前的任何困难，当你与它们正面交锋时，应该将这句话牢记于心："没有播种，何来收获；没有辛劳，何来成功；没有磨难，何来荣耀；没有挫折，何来辉煌。"

给自己悬崖，也给自己蓝天

任何人的生命都只有一次，任何一秒对于人来说都是弥足珍贵且无法再生的。幸福是无法"零存整取"的，你需要在每分每秒中去体会幸福，而不是把所有的幸福都"储存"起来，尝遍了所有的苦，再一次性地享受幸福。

世界上没有后悔药，生命过去了就不可能重来。每个人都应该在生活中的每一刻寻找生命里最本真的乐趣，不要因任何顾虑而战战兢兢，不要为任何流俗而压抑自己，当被困悬崖时，也要记得看看头顶的蓝天。这样在生命的终点，就不会因为突然觉悟而痛悔不已。

不难发现，会享受人生的人，不在于拥有多少的财富，不在于住房大小、薪水多少、职位高低，也不在于成功或失败，而在于会数数。"不要计算已经失去的东西，多计算现在还剩下的东西。"这个十分简单的计算法就是享受人生的一种智慧。

不是所有的苦都可以变成甜，人应当清楚这一点，不要年纪轻轻就背上沉重的负担。人的精力有限，所做的事情也有限，不要把力气浪费在不必要的"苦"中，让自己成为"吃苦"的牺牲者，这样做并不伟大，你的牺牲也没有价值。

许多人每天开始时，就把它当成是昨天的继续，其实他们并不喜欢昨天。用这种方式开始，毫无疑问地，会使不好的一天紧接着另一个不好的一天。但是有一种更好的方法，会产生更好的结果。

早上闹钟响时，伸手把它关掉，然后立刻坐起来，双手拍掌，并且说："这是美好的一天，我要尽量多利用这个世界所提供的各种机会。"

既然你已经起床，要去淋浴了，如果没有小孩在睡觉的话，你还可以在浴室中高歌一曲。你不必借口说："我不会唱歌。"你唱的声调与才能并不重要，重要的是唱歌这件事。唱到兴头时便不会消极。美国著名心理学家威廉·詹姆斯说："我们不唱歌是因为我们不快乐。我们快乐是因为我们唱歌。"

你还能做到下一步，当你进入餐厅等早餐时，拍几下桌子，并说："亲爱的，你煮的牛奶、鸡蛋和煎午餐肉，正是我希望你准备的早餐。"即使你在过去365天每天都吃同样的早餐，一件有趣的事还必须仍会发生。最重要的是，她会十分惊奇地看着你，而惊奇本身很有价值。即使早餐并不真的那么好，她也会在明天做得更好。

记得林肯曾经说过："人们的快乐不过就和他们的决定一样罢了。"你可以不快乐，如果你想要不快乐。你可以告诉自己所有的都不顺心，没有什么是令人满意的，这样，你肯定不快乐。但是，如果你要快乐，尽管告诉自己："一切都进展顺利，生活过得很好，我选择快乐。"那么可以确定的是，你的选择会变成现实。

摸摸坏情绪的头，让它安静地睡去

控制自我情绪是一种重要的能力，也是人区别于动物的重要标志。人是有理性的，而非依赖感情行事。不过，在生活中，很多人都没有能力很好地控制自己的脾气，而且又常常会为了大大小小的事情勃然大怒或愤愤不平。

人类内心的愤怒是由对客观现实的不满而生出，比如，遭到失败、遇到不平、个人自由受限制、遭人反对、无端受人侮辱、隐私被人揭穿、上当受骗等。表面看起来愤怒是由于自己的利益受到侵害或者被人攻击和排斥而激发的保护自己的行为。其实，用愤怒的情绪困扰灵魂，乃是一种自我伤害。

对身体的伤害只是其中一个方面，愤怒对灵魂的摧残尤为严重。由灵魂而生的愤怒情绪，又回过头来伤害灵魂本身，让灵魂变得躁动不安，失去原有的宁静和提升自己的精力和时间，这是灵魂的一种自戕。

我们常常让愤怒占据了大部分的灵魂空间，让灵魂负载着重担，无法观照自身，更不能得到任何的提升，反而在愤怒情绪的支配下容易丧失理智，甚至是远离人的高贵，接近于动物的蒙昧和愚蠢。

但是，让我们愤怒的人与事依然故我，他们继续做着错的事，享受着愉悦的心情；我们却因为愤怒而无法专注于眼前的工作，也没能很好地履行自己的职责；我们只顾着愤怒，而无暇体验生命中原本存在的美和善。

不管经历何种事情，我们都要学会和自己的坏情绪相处，在脉搏加快跳动之前，凭借理智的力量平静自己，更好地控制自己。

想一想，如果犯错是由于某种不可控的原因，我们为什么还要生气或愤怒呢？如果不是这样，那么他们犯错一定是由于善恶观的不正确。我们看到了这一点，说明在善恶观的问题上，我们的灵魂比他们优越，比他们更理性，更能辨明是非黑白。对于他们，我们只有怜悯，不应有一丝愤怒。对于犯了错的人，尽己所能平静地劝诫他们，把他们当成理智生病的人去医治，没有必要生气，心平气和地告诉他们错误之处，然后继续做你该做的事，完成自己的职责。

我们痛苦的源头不在别处，正是自己心中那些愤怒、气闷等坏情绪，并不是别人那些令人发指的行为。控制自己的情绪，从而避免让灵魂受到伤害，是完全在我们的力量范围之内的。

我们常常会听到有人这样说："我生气了，别怪我发脾气！"或"我也不想发脾气，但我就是控制不了自己的情绪。"对于这样的人，很多佛学大师都建议他们通过诵经礼佛安抚自己的情绪，也可以通过读书明理来开解自己。

现在有很多人都对生活有很多不满，稍有不顺心就会大发雷霆。其实静下心来想想，愤怒对我们的人生有什么益处呢？当你生气时，既会伤害别人也会伤害自己。愤怒就好比一柄利剑，剑锋所向划伤幸福，就好比在别人的心墙上钉钉子，钉子可以拔掉，可是留下的坑洞却再难填平。你的每一次生气或发怒都是在你的心口上横上一道道沟壑，从而离幸福的天堂越来越远。

其实，天堂和地狱就在我们的一念之差，关键是要控制自己的情绪，不要像那夕阳西下时的晚霞，虽然燃烧出一片晃眼的灿烂，最终却被黑夜吞噬。其实，如果一个能够从心底里认识到随意放纵情绪的坏处，就不会总是怨天尤人、情绪失控了。

在生活中，只要与人打交道，就自然会有各种负面情绪滋生，假如任由坏情绪控制自己，人生将变得毫无乐趣。被愤怒控制，会因冲动铸成大错；被烦躁控制，会坐立不安，一事无成；被忧伤控制，会日渐消沉，看不到生活的希望。为什么不学会与我们的坏情绪和解呢？

生活中许多事情都不是我们能左右的。在面对那些让我们不愉悦的事情时，可以先转移自己的注意力，唤回失去的理智和信心；唱一首歌，读一本书，让优美动听的歌曲或温馨安静的文字唤起你美好的回忆，引发你对未来的憧憬。

当坏情绪冒出来时，我们要摸摸它的头，让它安静地睡去，让你自己的心不再成为情绪的垃圾场，能够每时每刻都用一颗宽容、豁达的心去面对世间的人与事，得到梦寐以求的和悦宁静。

世界以痛吻我，我会回报以歌

泰戈尔《飞鸟集》中有这样一句诗："世界以痛吻我，却要我回报以歌。"其中，透着些许的无奈和不甘心。面对着世界加诸给我们的痛苦，谁能够无怨尤地回报其愉悦的歌声呢？

我们看那些呱呱坠地的婴儿，生下来都是两手紧握，那两只小小的拳头，仿佛想要抓住些什么；而我们再看那些垂死的老人，临终前都是两手摊开，撒手而去。这是上天对人的警示：无论穷汉富翁，无论高官百姓，无论名流常人，都无法带走任何东西。上帝总让人两手空空来到人世，又两手空空离去。既然如此，又何必偏执于某一人、某一事、某一物呢？

其实幸福对于每个人来说，蕴藏着无限的哲理与深意，它就像一本大书，只有用心去读，才能品味到处处埋藏的幸福。只有明白生活中的真理，才能去攫取生活中未曾被注意的幸福。幸福就在平凡单调的生活中，幸福就在豪放洒脱的自在中，幸福就在怡然自得的闲情中，只有胸怀豁达，幸福才能从点点滴滴的细节中被释放。

豁达一些，不必为尘世的琐事而执着，当遇到那些让我们难过、悲伤、厌恶、生气或是抉择不下的事情，不如放宽自己的心胸，想着：随他去，不管他！也许生活会变得更容易一些，也更宽广一些，毕竟我们都需要随时腾出一只手来抓住幸福。

"阳光总在风雨后""梅花香自苦寒来"。没有哪种成功或者幸福是轻而易举就得到的。生活中，我们常常会羡慕那些拥有幸福家庭和成功事业的人，然后会深感到自己的不幸。其实，世界上原本就没有完美的事物存在，幸不幸福也只是人们通过比较所获取的主观价值。每个人都一样，比幸福的人不幸，比不幸的人幸福。可天下的人，谁是最幸福，谁又是最不幸的呢？乞丐吃一口饱饭的幸福和公主淋一场雨的不幸，可能都是人生中的巅峰体验。但苦难会让人更加懂得幸福的滋味。

生活总是充满苦难和磨炼的，而充实的生命，幸福的人生，正是因为这些苦难的存在，而显得更加弥足珍贵。因为，在人生的路上，经受困难是一种难得的历练。当然，困苦的环境，也可能会使你意志消沉，但你如果不战胜环境，环境就会战胜你，当你一旦受到冷酷无情的打击便会妄自菲薄，以为前途绝无希望，听任命运的摆布，那么你将无声无息，老死原地。

当世界以痛吻我，就一定要回报给他最美的歌声，有着这样的信念，我们才不会轻易向苦痛和艰难低头。你要相信，只要你端正自己的心态，积极地向苦难挑战，你也会像寒梅一样傲立在皑皑白雪之中，吐露芬芳。

尽情享受过程，何必执着结果

生命不会给我们任何承诺，生命只给我们一次机会，关键是看我们怎样去活着，怎么去把握：是要好好地享受生命的过程，还是汲汲于追求结果，都是你自己的选择，是悠游自在，还是灰头土脸，全在于你是否能够看破。

命运弄人，它总是喜欢以玩笑来捉弄世人，那么，我们又何必太较真呢？其实，生命给我们的不是一个死亡的结果那么简单，我们每时每刻的生命都在丰富我们的心灵，让我们享受各种经历的过程。这才是最难能可贵的。

人生就像登山，不是为了登山而登山，而应着重于攀登过程中的观赏、感受与互动，如果忽略了沿途风光，也就体会不到其中的乐趣。人们最美的理想、最大的愿望便是过上幸福生活，而幸福生活是一个过程，不是忙碌一生后才能到达的一个顶点。生命本身就是个过程，如果你在这个过程中体会到了生命的魅力，那结果对你来说也只是一个过程——无数个结果串联成生命的过程。懂得享受过程的人，才真正懂得珍惜生命、享受生活。

冬天已经来了，春天还会远吗

我们要坚信，冬天总会过去，春天必然会来临。这是对生活的信心，也是对生活的希望，有了信心与希望，无论事情再糟糕，我们也会有面对现实的勇气和决心。

我们都有这样的感受：快乐开心的人在我们的记忆里会留存很长的时间，因为我们更愿意留下快乐的而不是悲伤的记忆。每当我们回想起那些勇敢且愉快的人们时，我们总能感受到一种柔和的亲切感。

其实，乐观就是享受生命的过程。困扰来自你的内心，正所谓"天下本无事，庸人自扰之"，过分强求结果的完美，只会使过程变得空洞乏味，而结果也未必就能如你所愿。世上的事往往就是这样，外因是变化的条件，只有内因才起决定作用。对于本来不必担忧的事，却整日愁眉不展，思前想后，结果可能顾此失彼。

所以，我们应该学会乐观面对，享受过程而不是过分注重结果。

当你实现一个目标，不管这个目标是什么，在此过程中，你都会不断成长。虽然你自己通常并不能察觉到这种成长，可是它却实实在在地发生着。因此，不要仅仅注重结果所带来的，更要知道过程使你发现了自身能力的新东西，并表现出了你身上更多的潜能，这些便是过程给我们的奖赏。

如果人总是关注于目标本身，而很少关心目标实现的过程，过程当中的许多本可以唾手可得的美妙之处，就会被无情抛弃。其实，过程要比目标重要得多，在追求目标的过程中，享受过程的快乐会让你有很多意外之喜，但假如一个人对身边唾手可得的美妙东西嗤之以鼻，那么，他可能会坐失很多机会。

　　人生的过程很长，我们何苦为了一次暂时的失败而放弃整个漫长的美好生活呢？

　　所以，即使面对不如意的事情，也千万不要让自己心情消沉，一旦发现有这种倾向就要马上避免。我们应该塑造阳光心态，塑造乐观的心态，面对所有的打击都要坚韧地承受，面对生活的阴影也要勇敢地克服。要知道，冬天终将过去，春天也必然会随之到来，所以耐心地忍耐寒冬吧，生命定会还你最美的春色。

忍耐是痛苦的，结果是甜蜜的

　　西班牙小说家、剧作家、诗人塞万提斯·萨维德拉曾经说过："忍耐是一帖利于所有痛苦的膏药。"忍耐挫折，我们将会收获成功时需要的经验；忍耐压力，我们将会收获成功时需要的承受能力；忍耐平凡的岗位，我们将会收获成功时需要的踏实与认真；忍耐平庸，我们将会收获成功时候需要的经验……

　　在人的一生中，总会遇到各种各样的不如意，可怕的是缺乏一种忍耐这些不如意的精神及个性。忍耐时虽然是痛苦的，可是收获的果实却是甜蜜的。我们的工作能力得到提高，我们的工作经验得到累积，我们的处世技巧得到提升……

　　人生是公平的，半途而废往往永远难以收获果实，只有多一分耐心与坚持，多一份尊重与体谅，坚持到最后才能收获。

忍耐一切就能战胜一切

忍，是一种韧性的战斗，是一种永不败北的战斗策略，是战胜人生危难和险恶的有力武器。忍，是医治磨难的良方。忍人一时之疑、一时之辱，一方面可脱离被动的局面，同时也是一种对意志、毅力的磨炼。

《菜根谭》中有一句话："处世时让人一步为高，退步就是进步的根本，待人宽一分是福，利人实是利己的根基。"忍住那些平庸、压力、困难等，实际上是帮助你自己成就大业。

人生中，不是所有的事情都是心如所愿，我们都在小心翼翼地行走在职场中。残酷的现实有时是需要我们低下头忍耐一下，这充满着无奈但更是一种智慧。

古希腊哲学家柏拉图告诉人们："要是你无法避免，那你的职责就是忍受，如果你命运里注定需要忍受，那么说自己不能忍受就是犯傻。耐心是一切聪明才智的基础。"

控制力可以成就一个人，因为幸运之神总能给耐心的、控制自我并坚持到最后的人以意外的惊喜。

忍住自己的私欲从而控制自己的行动是最大的控制力。多一份忍耐，多一份坚持，过程虽然痛苦，但收获的果实却是甜蜜的。

第九章

你所失去的，终将与更好的你重逢

生活最迷人处，从来都不是如愿以偿

花草的种子失去了在泥土中的安逸生活，却获得了在阳光下发芽微笑的机会；小鸟失去了几根美丽的羽毛，经过跌打，却获得了在蓝天下凌空展翅的机会。人生总在失去与获得之间徘徊。没有失去，也就无所谓获得。生活最迷人处，从来都不是如愿以偿。

人生就像一场旅行。在行程中，我们会用心去欣赏沿途的风景，同时也会接受各种各样的考验。在这个过程中，我们会失去许多，但是，我们同样也会收获很多。因为，失去所传递出来的并不一定都是灾难，也可能是福音。

生活中，一扇门如果关上了，必定有另一扇门打开。我们失去了一种东西，必然会在其他地方收获另一个馈赠。关键是，我们要有乐观的心态，相信有失必有得。要舍得放弃，正确对待我

们的失去，因为失去可能是一种生活的福音，它预示着我们的另
一种获得。

所以，我们应该正视人生的得失。当我们得到的时候要感
恩，要懂得珍惜；当我们失去的时候不要抱怨，也不用无所适
从。月有阴晴圆缺，懂得生活的人能坦然面对所谓的得失。而不
懂得，往往会付出难以挽回的代价。

每一种生活都有它的得与失，正如俗语所说："醒着有得有
失，睡下有失有得。"所以面对生活中的得失，我们都应该抱有
一种坦然的态度，凡事看开些。世界是公平的，在这里失去的，
我们会在另外的地方得到补偿。有时，失去可能反而是一种福
音。

充满希望，就能挖出生命的宝藏

一个人不可能总是一帆风顺的，在时运不济时永不绝望的人
就有希望。诸葛孔明六出祁山，是什么在支撑着他？是财富？是
官爵吗？都不是，是精神，是一种"永不绝望"的精神。每一个
人都有自己人生的最高理想。然而，却只有极少数的人成功地步
入自己的理想领域。由此说来，多数人缺少的便是这种永不绝望
的精神。重大的挫折压倒的，只是人的躯壳，而它万万压不倒的
是人们"永不绝望"的精神！

在生死攸关的情况下，这种永不绝望的精神更是显得珍贵，

甚至它就是我们性命之所系。

　　在面对绝境的时候，你可以选择垂头丧气地哭泣或哀号，绝望地将自己交与命运之手；你也可以选择把恐惧扔在一边，像那姑娘一样唱支动听的歌，鼓舞自己，给自己点燃希望。

发现自己错的时候，就在成长

　　人类有着一个共同的特点，就是总将问题归结到别人的身上，认为别人是问题的制造者，而自己只是一个无辜的受害者。殊不知，98%的问题都是自己造成的，如果自己身上没有问题或在自己的环节将问题彻底解决，便不会出现一发不可收拾的局面了。

　　失败者的借口通常是"我没有机会"。他们将失败的理由归结为不被人垂青，好职位总是让他人捷足先登，殊不知，其失败的真正原因恰恰在于自己不够勤奋，没有好好把握得之不易的机会。而那些意志坚强的人则绝不会找这样的借口，他们不等待机会，也不向亲友们哀求，而是靠自己的勤奋努力去创造机会，因为他们深知，很多困境其实是自己造成的，唯有自己才能拯救自己。

没有一种成功不需要磨砺

　　雄鹰的展翅高飞，离不开最初的跌跌撞撞。"不经一番寒彻骨，哪得梅花扑鼻香。"要想让自己成为一个有所作为的人，我们就要有吃苦的准备，人总是在挫折中学习，在苦难中成长。

我们每个人都会面临各种机会、各种挑战、各种挫折。成功不是一个海港，而是一个埋伏着许多危险的旅程，人生的赌注就是在这次旅程中要做个赢家，成功永远属于不怕失败的人。

每个人的一生，总会遇上挫折。相信困难总会过去，只要不消极，不坠入恶劣情绪的苦海，就不会产生偏见、误入歧途，或一时冲动破坏大局，或抑郁消沉，一蹶不振。

其实在人生的道路上，谁都会遇到困难和挫折，就看你能不能战胜它，战胜了它，你就是英雄，就是生活的强者。

某种意义上说，挫折是锻炼意志、增强能力的好机会，不要一经挫折就放弃努力，只要你不断尝试，就随时可能成功。

如果你在挫折之后对自己的能力产生了怀疑，产生了失败情绪，就想放弃努力，那么你就已经彻底失败了。挫折是成功的法宝，它能使人走向成熟，取得成就，但也可能破坏信心，让人丧失斗志。对于挫折，关键在于你怎么对待。

爱马森曾经说过："伟大高贵人物最明显的标志，就是他坚忍的意志，不管环境如何恶劣，他的初衷与希望不会有丝毫的改变，并将最终克服阻力达到所企望的目的。"每个人都有巨大的潜力，因此当你遇到挫折时要坚持，充分挖掘自己的潜力，才能使自己离成功越来越近。

跌倒以后，立刻站立起来，不达目的，誓不罢休，向失败夺取胜利，这是自古以来伟大人物的成功秘诀。

不要惧怕挫折，挫折是成功的法宝，在一个人输得只剩下生命时，潜在心灵的力量就是巨大无比的。没有勇气、没有拼搏精神、自认挫败的人的答案是零，只有坚持不懈的人，才会在失败中崛起，奏出人生的乐章。

世界上有许多人，尽管他们失去了拥有的全部资产，但是他们并不是失败者，他们依旧有着坚忍不拔的精神，有着不可屈服的意志，凭借这种精神和意志，他们依旧能够走向成功。

温特·菲力说："失败，是走向更高地位的开始。真正的伟人，面对种种成败，从不介意；无论遇到多么大的失望，绝不失去镇静，只有他们才能获得最后的胜利。"

在漫漫旅途中，失败并不可怕，受挫折也无须忧伤。只要心中的信念没有萎缩，只要自己的季节没有严冬，即使凄风厉雨，即使大雪纷飞。艰难险阻是人生对你的另一种形式的馈赠，坑坑洼洼也是对你意志的磨炼和考验。落叶在晚春凋零，来年又是灿烂一片；黄叶在秋风中飘落，春天又将焕发出勃勃生机。

只要能认识自己，便什么也不会失去

在繁杂纷乱的现代社会中，人们或为学业孜孜以求，或为生计四处奔波，或陷入爱情旋涡无法自拔，或为生活中的琐事烦躁不已。你有没有觉得自己越来越像机器，每日按部就班，却几乎

从未真正体验过自己的内心？我们所体验的自己，实际上是他人
认为我们"应该是怎样"的人。你是否曾发出"我迷失了"的感
叹？

也许你在事业上颇有成就，是众人眼中的成功人士。然而，
是否有一天你的心头突然袭来一阵莫名的空虚，你感觉自己无所
依傍，眼前所追求的一切似乎都失去了意义？你不清楚自己究竟
得到了什么。你想到自己很久没回家陪家人度周末了，你看到曾
经最痴迷的吉他早已蒙上了灰尘。也许你是一个平凡无奇、毫不
引人注意的人，当你看到身边的人生活得多姿多彩时，你忍不住
问："为什么我的生活这样乏味？好机会为什么不眷顾我？"不
论你是前者还是后者，总免不了感慨自己没有这个，失去那个，
最终连自我也找不到了。

老子云："知人者智，自知者明。"看清自己是我们成功的
必然，这样我们就不会因为外界的变化而迷惘若失。如果能对自
己明察秋毫，那么你就能感受到自己的充实饱满。做一个认识自
己的聪明人，你就"什么也不会失去"。

直到今天，能真正认识自己的人又有多少呢？

现实生活中，科学技术日益发展，人们对未知世界的了解
日趋丰富，却开始与自身背道而驰。我们始终在向外追寻，却恰
恰忽略了自己，忘记时时反观自己的内心。所以常常可以见到，
有些人谈事时滔滔不绝，做事时却束手无策；有些人过于自信和

自重，也有些人往往自轻自贱；有些人身处顺境时便心安理得，陷入困境时又自暴自弃；有些人喜欢批评别人，却最容易原谅自己。如果我们不了解自己，等待我们的便是迷惘和失败。

许多人面对"自我评价"时往往字尽词穷，反而问身边的人"你觉得我是怎样一个人呢？"六祖慧能曾对前去问禅的人说："问路的人是因为不知道去路，如果知道，还用问吗？生命的本原只有自己能够看到，因为你迷失了，所以你才来问我有没有看到你的生命。"当人迷失在对自我的找寻中，又怎能以一种坦然与平和的心境迎接生命更多的挑战？

认识自己并非一件易事，需像登山一样一步一步跋涉。但在这个过程中，你将发现每前进一步都会看到更美丽的风景。

战胜自己的人，才配得上上天的奖赏

虽然屡遭痛苦，却能够百折不挠地挺住，这就是成功的秘密。所以，你一定要学会坚强。有了坚强，才有了面对一切痛苦和挫折的能力。

人生是一场面对种种困难的"漫长战役"。早一些让自己懂得痛苦和困难是人生平常的"待遇"，当挫折到来时，应该面对，而不是逃避，这样，你才能早一些坚强起来，成熟起来。以后的人生便会少一些悲哀气氛，多一些壮丽色彩。记住，只有顽强的人生才美丽，才精彩。

苏联作家奥斯特洛夫斯基在双眼失明的情况下，通过向人口授内容，完成了长篇小说《钢铁是怎样炼成的》；

美国女作家海伦·凯勒自幼双目失明，在沙利文老师的教导下学会了盲文，长大后成长为一名社会活动家，积极到世界各地演讲，宣传助残，并完成了《假如给我三天光明》等14部著作；

当代著名女作家张海迪5岁因为意外事故造成高位截瘫，但仍坚持自学小学到大学课程，并精通多国语言。

虽然屡遭痛苦，却能够百折不挠地挺住，这就是成功的秘密。所以，你一定要学会坚强。有了坚强，才有了面对一切痛苦和挫折的能力。

只要你不放弃，梦想会一直在原地等你

梦想是什么呢？梦想是对美好未来的向往与追求，它在我们的生命中是不可或缺的。没有泪水的人，他的眼睛是干涸的；没有梦想的人，他的世界是黑暗的。

梦想对一个人是很重要的，一个没有梦想的人，就像断了线的风筝一样，没有任何的方向和依靠，就像大海中迷失了方向的船，永远都靠不了岸。只有梦想可以使我们有希望，只有梦想可以使我们保持充沛的想象力和创造力。要想成功，必须具有梦想，你的梦想决定了你的人生。

俄国文学家列夫·托尔斯泰说："梦想是人生的启明星。没

有它，就没有坚定的方向；没有方向，就没有美好的生活。"

梦想能激发人的潜能。心有多大，舞台就有多大。人是有潜力的，当我们抱着必胜的信心去迎接挑战时，我们就会挖掘出连自己都想象不到的潜能。如果没有梦想，潜能就会被埋没，即使有再多的机遇等着我们，我们也可能错失良机。

有了梦想，你还要坚持下去，如果半途而废，那和没有梦想的人也就没有区别了。如果你能够不遗余力地坚持，就没有什么可以阻止你的理想的实现。

梦想是前进的指南针。因为心中有梦想，我们才会执着于脚下的路，坚定自己的方向不回头，不会因为形形色色的诱惑而迷失方向，更不会被前方的险阻而吓退。

美好的日子给你带来经历，阴暗的日子给你带来阅历

大学生刚毕业就待业；裁员、下岗……这些词汇每天都充斥在工薪阶层的耳旁，扰得人们寝食难安；消费水平提高、物价上涨、孩子上学问题、户口问题、买不起房子买不起车、租个房子还要整天面对苛刻的房东……面对如此尴尬的处境，人们不禁感叹："这日子真的是没法过了。"

艰难的日子虽然让人焦头烂额，可是我们却没有办法选择别样的生活。既然改变不了，那么我们不如冷静地接受，认真地过好每一天，这样也许我们就会有很多意外的收获，生活也不会再

让我们觉得痛苦了。

尽管在生活中，我们每个人都会遇到各种各样的磨难和考验，只有能够认真地过日子的人，才能在最后的关头突破自己，创造生活的奇迹。其实，生活中给予我们每个人的机会都是相同的，越是艰难的岁月，就越能提供给我们进步的空间。所以，不要总是抱怨日子不好过，只要我们坚持，认真地过好每一天，我们就能抓住希望。

你所看到的惊艳，都曾被平庸历练

西汉人戴圣在《礼记·中庸》中说道："凡事预则立，不预则废。"我们无论做什么事情，都要在行动之前进行筹划、准备。事先有准备才能获得成功，否则就会失败，因为一个缺乏准备的人一定是一个差错不断的人，因为没有准备的行动只能使一切陷入无序，最终面临失败的局面。成功只青睐有准备的人。

有位成功学家如是说："成功不会属于那些没有丝毫准备的人，那些没有准备的人，即使有成功的机会，也会因为没有精心准备而错失，甚至将已经到手的成功拱手让给别人。"的确如此，成功必须经过努力奋斗才能够获得，岂能是一个没有任何准备的人可以得到的呢？然而有些机会是不知道什么时候才会降临的，因此我们不能松懈怠慢，要时刻做好准备，让自己保持在最佳状态，以便机会出现时，我们可以一把抓住。

第九章　你所失去的，终将与更好的你重逢

塞缪尔·约翰逊说："最明亮的欢乐火焰大概都是由意外的火花点燃的。人生道路上不时散发出芳香的花朵，也是从偶然落下的种子自然生长起来的。"伟大的成功往往是由意外的机遇促成的，如果一个没有丝毫准备的人，即使是机遇出现在他面前也是会被错过的。

成功的机会，只会青睐有准备的人，它不相信眼泪，它与懦弱胆小、松懈懒惰、蛮干盲从无缘。懦弱胆小的年轻人，一遇困难便裹足不前，魄力不足、谨慎有余，不足以成大事；松懈懒惰的年轻人，毫无危机感以及责任感，在享乐主义的驱使下挥霍人生，败事有余;蛮干盲从的人，遇事毫无主见，只会跟着别人后面亦步亦趋，结果往往是事倍功半；只有积极做好准备的男人，才能在20多岁以后把握住成功的机会，创造辉煌。